相对论的悖论与爱因斯坦的失误

蔡 立 著

内容提要

相对论建立100多年来，讲述爱因斯坦正确、赞扬相对论完美的书比比皆是。而讲述爱因斯坦的失误，指出相对论存在错误的书却很少。考虑到以上因素，本书将相对论的悖论与爱因斯坦的失误作为一个专题来讲解。本书挑选了几个只需相对论基础知识就可以理解的问题(例如孪生子悖论、火车悖论等)进行讨论，书中除了洛伦兹变换等几个重要公式外，作者尽量避免使用数学公式。本书结合相对论的历史，指出在狭义相对论中爱因斯坦有3个失误。还对爱因斯坦创建狭义相对论的过程进行了重新考察，并分析了这些失误产生的历史原因以及所带来的严重后果。

本书适用面较广，具备高中以上知识水平的读者均可阅读本书。

图书在版编目(CIP)数据

相对论的悖论与爱因斯坦的失误/蔡立著.—上海:上海交通大学出版社,2015

ISBN 978-7-313-13034-1

Ⅰ.①相… Ⅱ.①蔡… Ⅲ.①相对论—研究②悖论—研究

Ⅳ.①O412.1②O144.2

中国版本图书馆CIP数据核字(2015)第111181号

相对论的悖论与爱因斯坦的失误

著　　者:蔡立
出版发行:上海交通大学出版社　　地　　址:上海市番禺路951号
邮政编码:200030　　电　　话:021-64071208
出 版 人:韩建民
印　　制:常熟文化印刷有限公司　　经　　销:全国新华书店
开　　本:787mm×960mm　1/16　　印　　张:15.5
字　　数:230千字
版　　次:2015年7月第1版　　印　　次:2015年7月第1次印刷
书　　号:ISBN 978-7-313-13034-1/O
定　　价:59.00元

版权所有　侵权必究

告读者:如发现本书有印装质量问题请与印刷厂质量科联系
联系电话:0512-52219025

谁要把自己标榜为真理和知识的裁判官，他就会被神的笑声所覆灭。

——爱因斯坦

我们必须像母亲一样不断地从痛苦中分娩出我们的思想，同这种思想一起分享我们的热血、心灵、激情、快乐、情感、痛苦、良心、命运和不幸。生活对我们来说意味着将我们的全部，连同我们所遭遇的一切，不断地化为光明和烈火。

——尼　采

PREFACE 前　言

从相对论建立之日起，科学界在相对论问题上就存在着两种不同的观点，有人赞成相对论，有人质疑相对论。近年来质疑相对论的人越来越多，媒体中也出现了“维相派”和“反相派”的提法。

在人们的眼中，作者显然属于“反相派”，但作者并不喜欢这种提法，喜欢把自己叫作一名爱因斯坦的批评者。因为，作者并不反对相对论，只是认为爱因斯坦相对论中存在错误，需要对它进行修改和完善。

作者从1979年开始学习研究相对论，最初是怀着一种好奇和崇拜的心情，研读爱因斯坦的著作，然而，随着研究的深入，由崇拜转向独立思考，再由独立思考到探讨怀疑，最终走上了质疑相对论的道路，成为一名爱因斯坦理论的批评者。

最近，作者把多年的研究结果整理出来，写成一套“相对论研究系列”丛书：《黑洞探疑》、《相对论探疑》和《非爱因斯坦相对论研究》。这套丛书的读者对象主要是从事相对论研究的专业人员，为了让更多的人了解书中的观点，作者又写了《两个宇宙体系的对比》一书，对这套丛书进行通俗解读，书中从宇宙科学发展的角度论述了爱因斯坦理论存在的问题[1~4]。

“相对论研究系列”丛书完成后，作者仍感言犹未尽。因为，在这套丛书中，作者主要阐述了自己的观点，而对于相对论的争论以及作者与相对论物理学家的分歧，论述得不够充分，为此作者又写了这本书。本书把狭义相对论的悖论和爱因斯坦的失误作为一个专题进行讨论。

相对论建立以来，关于相对论的争论从来没有停止过，争论主要是围绕下面几个问题展开的：

1）马克思主义哲学与爱因斯坦相对论之间的争论

1905年爱因斯坦发表了《论动体的电动力学》，这篇文章的发表标志着爱因斯坦相对论的建立。1908年列宁发表了《唯物主义和经验批判主义》，该书丰富和发展了马克思主义理论，把马克思主义哲学发展到一个新的阶段[5,6]。

然而，人们很快发现列宁书中的一些重要论断与爱因斯坦相对论的结果是相互矛盾的，于是，在这两个理论之间便展开了一场争论，可以说，这场争论至今也没有结束。

2）围绕狭义相对论的悖论展开的争论

狭义相对论刚一建立，人们便陆续发现狭义相对论中存在一些悖论，例如孪生子悖论、埃伦菲斯特悖论等，于是，围绕这些悖论人们又展开了争论。

3）围绕广义相对论、黑洞以及大爆炸宇宙学的争论

在《两个宇宙体系的对比》一书中，作者已经对黑洞和宇宙学问题进行了论述，因此，本书不讨论这个问题，而主要讨论前面两个问题。

（1）马克思主义哲学与爱因斯坦相对论之间存在矛盾，这是众所周知的事实，这一矛盾说明在马克思主义哲学与爱因斯坦相对论两者之中必有一个存在错误，那么，究竟是马克思主义哲学有问题，还是爱因斯坦相对论有错误呢？

在1980年代，国内有一位相对论专家在其著作中提出：马克思主义哲学与爱因斯坦相对论是“不相容的”，他认为出现这种情况的原因是马克思主义哲学“已经过时了，陈旧了”，只能解释19世纪之前的自然科学，无法解释“今天的天文学和物理学”。他的观点自提出之日，在物理学界从未有人提出过批评，在本书的第一篇，作者将对他的观点进行批驳。

我们通过对一个具体问题——火车悖论的分析，发现马克思主义哲学与爱因斯坦相对论之所以存在矛盾，原因在于爱因斯坦相对论中存在着错误，而且，我们还找出了狭义相对论中的一个错误——运动物体长度缩短。运动物体长度缩短是洛伦兹基于牛顿时空观得出的一个结果，在相对论中并不成立，爱因斯坦把这一结果照搬到相对论，这是爱因斯坦的一个错误，这个错误隐藏

在狭义相对论中100多年了，至今还写在大学物理学的教科书中。

(2) 爱因斯坦狭义相对论刚一建立，便受到悖论的困扰，其中一个著名的悖论是孪生子悖论，孪生子悖论提出已有100多年了。1960年代，国际上有过一场关于孪生子问题的争论，这场争论是由伦敦大学的丁格尔教授挑起的。从1962年开始，丁格尔著文对爱因斯坦狭义相对论提出怀疑，丁格尔认为，孪生子悖论揭示了在狭义相对论中存在着逻辑上的矛盾。相对论的支持者麦克瑞对丁格尔的文章进行了反驳，于是，二人在《自然》上展开了一场论战。这场论战持续了几年，始终无法达成共识，后来没有杂志愿意继续发表他们的论文，这场争论也就不了了之了。由这场争论引出一个问题，即孪生子问题是不是一个悖论，或者说在狭义相对论中究竟存在不存在相互矛盾的东西，本书的第二篇讨论的就是这一问题。

作者的研究表明，孪生子悖论之所以长期得不到彻底的解决，其中一个重要的原因是人们对悖论的历史缺少研究，另外，人们也没有从公理化的角度研究这一问题。爱因斯坦相对论是按照公理化的思想方法建立起来的理论，因此，了解公理化方法及其历史渊源，了解历史上的著名悖论以及这些悖论产生的原因和解决的办法，对我们解决孪生子悖论是很有好处的。

在本书的第二篇，我们首先回顾了公理化方法的产生及其发展的历史，重点讨论了历史上一些著名的悖论以及与这些悖论密切相关的三次数学危机，通过对历史上著名悖论的讨论，我们从中获得两点启发：

其一，悖论都是针对某一个确定理论而言的，只有在这个理论范围内讨论悖论才有意义。例如，罗素悖论是针对康托朴素集合论，只有在康托朴素集合论的范围内讨论这一问题，它才构成一个悖论。同样的道理，孪生子悖论是针对狭义相对论而言的，因此，孪生子悖论只有在狭义相对论的范围内研究才有意义。如果把孪生子悖论放到广义相对论中去研究，这种研究不仅把问题复杂化了，而且也违反了数理逻辑处理悖论问题的基本原则，所得结果也没有意义。

其二，悖论产生的一个重要原因是：当一个公理化理论体系不完备时，即公理体系中缺少某个重要东西(概念或规律)时，就会产生悖论。根据这一思想，孪生子悖论的出现说明狭义相对论中缺少了某个重要的东西。

总之，通过对上面两个问题的讨论，我们发现在狭义相对论中存在三个错误，即爱因斯坦有三个失误，这三个失误是：

(1) 按照马克思主义的对立统一规律，任何事物都是由矛盾构成的，如果一个理论仅仅考虑了矛盾的一个方面，而完全忽略了矛盾的另一方面，这个理论一定是不完善的。爱因斯坦狭义相对论就存在这样的问题，在狭义相对论中，爱因斯坦只考虑了对称性，而忽略了非对称性，由此导致爱因斯坦狭义相对论是一个不完整的理论，其中缺少一个重要的组成部分，即狭义相对论的引力理论。

(2) 在狭义相对论中，爱因斯坦片面地强调了运动的相对性，而忽略了运动的绝对性和客观性，由此带来的后果是，爱因斯坦狭义相对论是一个不确定的理论，其中没有给出坐标系的确切定义，这进一步导致了静止和运动两种状态无法区分以及孪生子悖论的产生。

(3) 爱因斯坦相对论不是真正准确的相对论，其中存在着与牛顿力学有关的错误，运动物体长度缩短就由牛顿时空观引发的一个错误。

相对论建立以来，与相对论有关的著作真可谓汗牛充栋，在这些著作中，讲述爱因斯坦成功的比比皆是，而论述爱因斯坦失误的确少之又少，考虑到这一原因，本书把爱因斯坦的失误作为一个重点进行讨论。

在本书的第三篇，我们对狭义相对论的创建过程进行了重新研究，进而论述了爱因斯坦失误产生的历史原因，同时我们还从哲学和公理化的角度研究了这一问题。爱因斯坦曾说过，在场方程中引入宇宙项是他一生中的最大失误。本书的研究表明上述说法并不正确，爱因斯坦在狭义相对论中的失误才是他的最大失误。因为，狭义相对论是爱因斯坦理论的基础，广义相对论、黑洞理论和宇宙学所出现的问题，其根源都来自狭义相对论的失误。因此，本书指出的这三个失误，才是爱因斯坦的最大失误。

作者愿意就本书所讨论的问题，与相对论物理学家进行学术争论，以实际行动落实"百花齐放，百家争鸣"的方针，为中国物理学创造一个真正宽松良好的学术环境，尽自己一份微薄之力。

蔡　立

2015 年 5 月 30 日于北京

CONTENTS 目　录

第一篇

建国以来围绕相对论展开的争论以及作者与相对论物理学家的一个分歧

建国以来围绕相对论展开的争论一直没有停止过，在1980年代，国内有一位相对论专家在其著作中提出：马克思主义哲学与爱因斯坦相对论是“不相容的”，他认为出现这种情况的原因是马克思主义哲学“已经过时了，陈旧了”，只能解释19世纪之前的自然科学，无法解释“今天的天文学和物理学”。他的观点自提出之日起，在物理学界从未有人提出过批驳，而且，近年来，与此类似的观点在物理学界还在进一步扩散。

由此引出一个问题：马克思主义哲学与爱因斯坦相对论之间存在矛盾，意味着在这两个理论中一定有一个存在错误，那么，究竟是马克思主义哲学有问题，还是爱因斯坦相对论有错误？这就是今天摆在我们面前的一个重大问题。研究这个问题，不仅具有物理学意义、哲学意义，而且还有重要的政治意义。

马克思主义理论与爱因斯坦相对论之间的矛盾属于哲学层面上的矛盾。在本书的第一篇，作者把哲学层面上的矛盾，转换成一个具体的相对论问题，通过对这个问题的研究，找出了爱因斯坦相对论中的一个错误——“运动物体长度缩短”。这个错误隐藏在狭义相对论中100多年了，至今还写在大学物理学的教科书中。

本篇将从哲学、物理、数学、历史和实验等方面，论证“运动物体长度缩短”是狭义相对论中的一个错误，并在此基础上，指出爱因斯坦的一个失误，即在爱因斯坦相对论中存在着与牛顿力学(或牛顿时空)有关的错误。

第1章 狭义相对论简介

在科学发展史上出现过许多悖论，某种意义上科学的历史也就是悖论的历史。那些在当时与科学理论不和谐的悖论，后来成为了新思想、新观念得以产生的土壤。因此，关注并研究科学理论中出现的悖论，应该是科学研究的一个重要课题。

本书讨论的问题与狭义相对论的悖论有关，在讨论之前，有必要对狭义相对论作一简要的介绍。

1.1 狭义相对论建立前的爱因斯坦

爱因斯坦（见图1-1）于1879年3月14日出生在德国，他的童年是很幸福的。爱因斯坦的父亲是一位平静温和的人，爱好文学和数学。他的母亲喜欢音乐，她把音乐引入家中，爱因斯坦从6岁起就学习小提琴，从此小提琴成了他的终身伴侣。爱因斯坦的父母虽然信奉犹太教，但是并不死守教规，而且不谈论宗教，家中弥漫着自由祥和的气氛，他的父母对他有着良好的影响和家庭教育。爱因斯坦从小热爱大自然，喜欢与山水草木为伴，同时具

图1-1 爱因斯坦

有很强的独立性格[7]。

爱因斯坦走上科学探索之路，来自于他对自然发自内心的热爱和好奇。当爱因斯坦还是一个四五岁的小孩时，一次爱因斯坦的父亲给他看一个罗盘，罗盘的指针始终指向南方，这一点让爱因斯坦感到“惊奇”。爱因斯坦后来回忆说：“我现在还记得，至少相信我还记得，这种经历给我一个深刻而持久的印象。我想一定有什么东西深深地隐藏在事情后面。”爱因斯坦在孩童时代对隐藏在事情后面的东西表现出“惊奇”，这种超出常人的好奇心，或许就是他日后能成为一名伟大科学家的原因吧。

爱因斯坦晚年对这件事是这样评述的：“这种‘惊奇’似乎只是当经验同我们的充分固定的概念世界有冲突时才会发生。每当我们尖锐而强烈地经历到这种冲突时，它就会以一种决定性的方式反过来作用于我们的思维世界。这个思维世界的发展，在某种意义上说就是对‘惊奇’的不断摆脱。”[8]

爱因斯坦 12 岁时，他经历了人生中的“第二次惊奇”。在此之前，爱因斯坦从他叔叔雅可布那里得到一本平面几何学的书，他怀着热切的心情学习，平面几何学对他有深深的吸引力，感到一种心灵深处的震撼。爱因斯坦后来回忆时写道：“在 12 岁时，我经历了另一种性质完全不同的惊奇：这是在一个学年开始时，当我得到一本关于欧几里得平面几何的小书时所经历的。这本书里有许多断言，如三角形的三个高交于一点，它们本身并不是显而易见的，但是可以很可靠地加以证明，以致任何怀疑似乎都不可能。这种明晰性和可靠性给我造成了一种难以形容的印象。”[8]

在《自述》中爱因斯坦写道：“在 12～16 岁的时候，我熟悉了基础数学，包括微积分原理。这时，我幸运地接触到一些书，它们在逻辑严密性方面并不太严格，但是，能够简单明了地突出基本思想。”爱因斯坦还特别提到一部著作，“这部著作就是伯恩斯坦的《自然科学通俗读本》。这一部五六卷的著作几乎完全局限于定性的叙述，这是一部我聚精会神阅读过的著作。”

从爱因斯坦的《自述》中不难看出，在 16 岁之前，爱因斯坦就已经熟悉了包括微积分原理在内的基础数学知识，同时，他对当时的自然科学前沿也有所了解，例如，他知道麦克斯韦电磁理论。于是，少年时代的爱因斯坦就萌发了相对论的思想。

1895年，爱因斯坦在瑞士阿劳中学念书时，他想出一个追光的理想实验，他想："如果我以速度 c 追随一条光线运动，那么我就应当看到，这样一条光线就好像一个在空间中振荡着而停滞不前的电磁场，可是无论是依据经验，还是按照麦克斯韦方程，看来都不会有这样的事情。"

这是与狭义相对论有关的"第一个朴素的理想实验"，这个思想实验提出了一个矛盾，一个以光速 c 追随光线运动的人应该看到电磁驻波存在，而按照麦克斯韦方程却没有这样的驻波。爱因斯坦后来说，这个问题一直使他思考了许多年。

1896年秋天，爱因斯坦进入瑞士苏黎世联邦工业大学学习，入学不久爱因斯坦认识了贝索，贝索向他推荐了马赫的《力学史评》，在大学期间，爱因斯坦首次阅读了这本书。1902—1905年，爱因斯坦与索洛文、哈比希特组成了"奥林匹亚科学院"，他们在一起研读了马赫的《力学史评》和《感觉的分析》。同上次不同，这时爱因斯坦已经大学毕业，他是以更广阔的视野并在更高的知识水平上重读马赫的《力学史评》，他是"在一切明朗而有理性的东西中寻找乐趣"[9]。

1904年冬，在瑞士的苏黎世，一些大学生和刚刚大学毕业不久的年轻人成立一个马赫学会，他们的目的是在学术领域传播马赫的思想，并在自己的研究工作中运用它，爱因斯坦也参加了这个学会的活动。马赫对经典力学的批判对他们产生了深刻的影响，这个学会的讨论对翌年爱因斯坦创立狭义相对论是有重要意义的[10]。

1.2　爱因斯坦狭义相对论是怎样建立的

1905年9月，德国《物理学年鉴》发表了爱因斯坦的论文《论动体的电动力学》，这篇论文的发表标志着狭义相对论的建立。狭义相对论是爱因斯坦一生中取得的第一项重大成果，是他在前人工作的基础上，经过长期酝酿和探索才取得的。

1905年，建立狭义相对论的历史条件已经成熟，当年走到狭义相对论大门前的学者除了爱因斯坦，还有洛伦兹和庞加莱，无论是知识的渊博还是数学水平，洛伦兹和庞加莱都远远超过爱因斯坦，但是，为什么不是他们建立狭义相对论，而是由爱因斯坦建立狭义相对论呢？要回答这一问题，我们需要认真研究爱因斯坦创立狭义相对论的思想历程。

根据爱因斯坦写的《自述》、《相对论发展简述》和1922年在日本京都大学的讲演：《我是怎样创立狭义相对论的？》以及作者的研究，我们可以清晰地看到爱因斯坦所走过的道路。

前面提到早在16岁时，爱因斯坦就开始思考以速度c（真空中的光速）追随光线运动的思想实验，这个“追光”实验中已包含了狭义相对论的萌芽。爱因斯坦对这个问题的思考，经历了很长的过程，他回忆说：“最初，当我有这个想法时，我并不怀疑以太的存在，不怀疑地球相对以太的运动。”后来，爱因斯坦得知迈克尔孙-莫雷实验的零结果时，他认识到：“如果承认迈克尔孙的零结果是事实，那么地球相对以太运动的想法就是错的，这是引导我走向狭义相对论的第一步。”

后来爱因斯坦读到了洛伦兹1895年的论文，他试图用洛伦兹方程讨论斐索的流水中光速实验，他发现要保持这些方程对动体参考系同样有效，必须导致光速不变性的概念，而光速不变性明显地与力学的速度合成法则相抵触。

在《爱因斯坦全集（第二卷）》的编者按中提到：“在他1905年的论文以及在他的1907年和1909年关于理论的综述中，爱因斯坦把相对论描述为由一个特定的问题引起的，这个问题就是：相对性原理和麦克斯韦-洛伦兹的电动力学理论之间的明显矛盾”。

为什么这两个概念会相互矛盾呢？起初爱因斯坦想修改洛伦兹的观念，以解决这个矛盾，结果白白花了一年时间，没有取得进展。直到1905年的一天，他突然找到了解决问题的关键。

“是我在伯尔尼的朋友贝索偶然间帮我摆脱了困境。那是一个晴朗的日子，我带着这个问题访问了他，我们讨论了这个问题的每一个细节。忽然我领悟到这个问题的症结所在。这个问题的答案来自对时间概念的分析，不可能绝对地确定时间，在时间和信号速度之间有着不可分割的联系。利用这一新概念，我第一次彻底地解决了这个难题。”

五个星期后，爱因斯坦就写好了那篇历史性文献：《论动体的电动力学》。

在这篇重要文献的引言中，爱因斯坦指出："众所周知，麦克斯韦的电动力学——正如通常所理解的——当应用到运动物体时，就会导致电磁现象中并非固有的不对称"。接着他列举了做相对运动的一个磁体同一个导体之间的相互作用所引起的电磁现象。然后，爱因斯坦写道："诸如此类的例子以及企图证实地球相对于'光媒介'运动的失败都暗示着，不仅在力学中而且在电动力学中出现的现象，并不具有与绝对静止的概念所对应的任何性质。倒是应当认为，凡是对力学方程适用的一切坐标系，对于上述电动力学和光学的定律也一样适用。对于一阶小量这是已经证明了的。我们将把这个假设提升为公设，并且还引进另一条在表面上看来同它不相容的公设：光在真空空间中总是以确定的速度 c 传播着，这速度同发射体的运动状态无关。由这两条公设，根据静体的麦克斯韦理论就足以得到一个简单而又不自相矛盾的动体电动力学。'光以太'的引用将被证明是多余的，因为按照这里所要阐明的见解，既不需要引进一个具有特殊性质的'绝对静止的空间'，也不需要给发生电磁过程的真空空间中的每一点规定一个速度矢量。"[6]

上面这段话阐明了狭义相对论建立时的物理背景，同时也表述了狭义相对论的基本思想，即是放弃以太，否定绝对空间和绝对时间的概念，同时把真空中光速不变作为公设，根据上述思想，爱因斯坦提出了狭义相对论的两条基本原理，这两条基本原理是：

(1) 狭义相对性原理：物理学的定律在相对做匀速直线运动的所有惯性参考系中都是相同的。

(2) 光速不变原理：光在真空空间中的传播速度是一常数，这个速度的大小同发射体的运动状态无关。

狭义相对性原理是伽利略相对性原理的合乎逻辑的推广，这个原理表明：在某一个惯性系里发生的物理现象，可以借助力学方程和电磁场方程计算出来。当过渡到另一个惯性系时，力学方程和电磁场方程的形式应该保持不变，否则由他们得出的结果，就会与原惯性系不同，这就违反了物理理论的客观性。

光速不变原理表明：光在真空中总是以确定的速度 c 传播，这个速度的大小同光源的运动状态无关。更详细地说这个原理还包含以下内容：在真空中的各个方向上，光速的大小均相同，即光速具有各向同性的特征；光速同频率无关；光速同光源的运动状态无关；光速同观察者所处的惯性坐标系无关。

爱因斯坦根据上面两个原理建立了狭义相对论。狭义相对论的建立是20世纪物理学的一次革命，这次科学革命就是从《论动体的电动力学》的发表开始的。《论动体的电动力学》一文分成两部分：第一部分是运动学，文中讨论了同时性、相对性、坐标和时间的变换、速度的相加以及对一些方程的解释。第二部分是电动力学，文中讨论了如何变换麦克斯韦方程，解释相对论的多普勒效应以及解释恒星的光行差。

1.3 狭义相对论本质上是一个关于对称性的理论

1921年，爱因斯坦在英国演讲时说相对论“不过是一条可以回溯几个世纪的路线的自然继续。”从前面的讨论我们不难看出，爱因斯坦所说的路线实际上就是关于对称性的思想路线。

对称性的思想，即相对性原理的思想在伽利略、惠更斯等人的著作中就有所论述。在牛顿力学里，相对性原理表现为力学定律在伽利略变换下保持不变。到了19世纪，随着哈密顿原理和群论概念的出现，对称性的重要性被数学家和物理学家广泛接受，有关对称性的研究也已全面展开，并形成了系统的理论。正是在这一历史背景下，爱因斯坦建立了狭义相对论，爱因斯坦首先从“追光”实验中引发思考，然后，又受到以太漂移实验零结果的启示，最后，爱因斯坦为了解决麦克斯韦理论与力学相对性原理的不和谐，创立了狭义相对论。

由此可见，爱因斯坦建立狭义相对论的过程就是沿着一条对称性的思想路线进行的，这个思想就是“物理规律都是对称的”，即在所有惯性参考系中物理规律的形式都是相同的。爱因斯坦还把这一思想用公理的形式表述出来，这就是狭义相对性原理。因此，对称性思想是狭义相对论的基石，狭义相对论本质上可以说是一个关于对称性的理论。

这里顺便说明一下，相对论的名字不是爱因斯坦起的。目前，关于相对论名称的来历有两种说法：

一种说法是相对论的名字是洛伦兹起的。由于爱因斯坦理论的核心公式与洛伦兹提出的变换公式在数学形式上完全相同，但是，物理意义是不同的，为了区分自己的理论和爱因斯坦的理论，洛伦兹把爱因斯坦的理论称为“相对论”。

另一种说法是，1905 年，《论动体的电动力学》这篇论文发表后，爱因斯坦曾经想把他的这个理论称为“不变性理论”，但这个名字从未被使用过。1906 年，普朗克使用了“相对的理论”(Relativtheorie)一词，后来爱因斯坦接受了这一称谓，1907 年，爱因斯坦在与朋友埃伦菲斯特通信时，使用了“相对论”一词。

上面这两种说法哪一个准确，这里就不进行探讨了，但是有一点是肯定的，相对论的名字不是出自爱因斯坦，而且，爱因斯坦似乎也不喜欢这个名字，因为，它没有把相对论最核心的思想，即不变性或对称性的思想体现出来。

关于狭义相对论与对称性的关系，杨振宁有一个很好的论述，1995 年，杨振宁在《对称与近代物理》一文中写道：“当爱因斯坦在 1905 年创立狭义相对论时，也为空间和时间在抽象的数学涵义上是对称的这一概念铺设了道路……尽管广义相对论是异常深刻的和有独创性的，但是空间和时间的对称对以后的发展有更大的影响。的确与人类的原始感受如此抵触的时空对称，今天已与物理学的基本观念紧密地结合在一起了。这个对称叫作洛伦兹对称。发现这一对称的数学表达的是当时的荷兰物理学大师洛伦兹，而最早了解对称真正物理含义的是年青的爱因斯坦。”

从这段话不难看出，包含在狭义相对论中的对称性的思想，是爱因斯坦在物理学中一个重要的贡献。狭义相对论所包含的对称性的思想，借助洛伦兹变换，可以把这个思想更清楚地表现出来。

具体地说，在惯性坐标系 S 中的一个物理定律，利用洛伦兹变换将其变换到惯性坐标系 S'，在坐标系 S' 中该物理定律的形式不发生改变。换句话说，狭义相对论揭示了物理定律的一种对称性，即物理定律在洛伦兹变换下的协变性。

正如爱因斯坦在《关于狭义相对论的文稿》中所述：“相对论要求物理学中的方程变成形式相同的方程，如果人们借助于洛伦兹变换来变换它们的话。”因此，爱因斯坦的狭义相对论本质上是一个关于对称性，即不变性的理论。

综合以上讨论，我们可以清楚地看到，爱因斯坦的狭义相对论是沿着一条对称性的思想路线建立起来的。狭义相对论实际上是一个关于对称性的理论，它揭示出物理规律的一种不变性，即在洛伦兹变换下的不变性。

自从牛顿建立经典力学，就有了力学相对性原理，伽罗华创立群论之后，对称性成为科学研究的一个重要方向，人们对对称性进行了系统的研究。回顾历史，不难发现，从 1832 年群论的诞生到 1956 年在这 100 多年间，对称性研究是这个时代数学和物理学研究的一个主要潮流。

由此可见，狭义相对论是爱因斯坦顺应了对称性这一时代的潮流，根据对称性的基本思想，为了解决麦克斯韦理论与力学相对性原理之间的矛盾，而建立的一个关于对称性的理论。在狭义相对论中，爱因斯坦提出了狭义相对性原理，狭义相对性原理把伽利略的相对性原理从力学推广到物理学，丰富并发展了对称性理论。所以，狭义相对论的出现是物理学历史发展的必然结果。爱因斯坦自己就曾说过：狭义相对论如果我不提出，5 年内必有其他人建立起来。

因此，对称性思想是狭义相对论的一块基石，狭义相对论本质上是关于对称性的理论。狭义相对论的对称性的思想就体现在狭义相对性原理中：物理学的定律在所有惯性参考系中都是相同的。

1.4 狭义相对论的重大意义

狭义相对论的建立是 20 世纪物理学的一次革命，狭义相对论的诞生在物理学上具有非常重要的意义，其中的一个重要意义就是推广了牛顿力学。

下面把狭义相对论的几个基本概念和牛顿力学的相应概念作一对比，看一看这两个理论之间的联系。

在牛顿力学里，质量是被看作常数的，它不随速度变化。1901 年，考夫曼做了一个电磁偏转的实验，该实验是利用电磁偏转方法测定电子的运动速度与电子的荷质比 e/m 之间的关系。实验表明 e/m 随速度的增加而减小。后来，洛伦兹就是在电荷的电量不变的假设下，得出 m 随速度的变化公式，即

$$m = \frac{m_0}{\sqrt{1 - \frac{u^2}{c^2}}}$$

这就是狭义相对论的质速公式。由公式可以看出，在速度 u 远远小于光速的情况下，即在 $\beta = \frac{u}{c} \to 0$ 的情况下，狭义相对论的质量公式将退化为牛顿力学的质量公式，因此，狭义相对论的质量公式实际上是牛顿力学质量概念的推广。

牛顿力学的时空观是绝对时空观，牛顿的时空观认为：时间、空间与物体的运动无关。如果用数学来描述牛顿力学的时空，那么，牛顿的时空是由三维欧几里得空间与一维时间所组成，时空的数学表述是伽利略的时空变换公式：

$$\begin{cases} x' = x - ut \\ y' = y \\ z' = z \\ t' = t \end{cases}$$

爱因斯坦狭义相对论的时空则是时间与空间相互关联的四维时空，即闵可夫斯基时空，其中的时空变换公式是洛伦兹变换公式：

$$\begin{cases} x' = \dfrac{x - ut}{\sqrt{1 - \dfrac{u^2}{c^2}}} \\ y' = y \\ z' = z \\ t' = \dfrac{t - \dfrac{ux}{c^2}}{\sqrt{1 - \dfrac{u^2}{c^2}}} \end{cases}$$

对比伽利略变换与洛伦兹变换，不难发现，洛伦兹变换是对伽利略变换的推广，其中把力学规律的相对性推广到物理规律的相对性。另外，在 $\beta - \frac{u}{c} \to 0$，洛伦兹变换公式将退化成伽利略变换公式。

洛伦兹变换是狭义相对论的核心，狭义相对论的许多结果都可以用洛伦兹变换推导出来。洛伦兹虽然推导出这个变换公式，但他并没有创立狭义相对论。爱因斯坦的变换与洛伦兹的变换虽然形式相同，但有着本质的区别。其中最主要的区别是，爱因斯坦的变换具有革命性的思想，包含着一种新的时空观——相对性的时间空间概念。而洛伦兹的变换仍然建立在传统的绝对时空观的基础上。

《论动体的电动力学》发表后两年多的时间里，并没有引起人们的重视。最早认识到相对论的革命意义的是德国数学家闵可夫斯基。说起来很巧，闵可夫斯基曾是爱因斯坦大学时的数学老师，由于爱因斯坦经常逃他的课，所以闵可夫斯基并不喜欢爱因斯坦，还骂爱因斯坦是一条“懒狗”。爱因斯坦居然能写出这样的论文，使闵可夫斯基感到震惊，他认识到这是时空观的一场革命。闵可夫斯基在1907年的一次演讲中指出，根据爱因斯坦的新理论，“我们关于空间和时间的表象将要发生全面的变革。”闵可夫斯基还提出相对论中时间和空间是统一的，并首次给出了时间和空间统一的四维时空——闵可夫斯基时空[12]。

闵可夫斯基演讲报告引起学术界对相对论的重视，爱因斯坦也因此受到权威科学家的高度评价，例如，居里夫人对爱因斯坦是这样评价的：“我非常钦佩爱因斯坦先生在现代物理学有关问题上所发表的著作。而且，我相信所有的数学物理学家都一致认为这些著作是最高级的。在布鲁塞尔，我出席一次科学会议，爱因斯坦先生也参加了。我得以欣赏他思想的清晰、引证的广泛、知识的渊博。如果考虑到爱因斯坦先生现在还年轻，我们就有充分权力对他寄予最高的希望，把他看成未来最优秀的理论家之一。”

狭义相对论的建立是人类对时空认识上的一场革命，它改变了延续几千年的旧的时空观，因此，给予爱因斯坦任何崇高的评价，他都是当之无愧的。

狭义相对论的建立是20世纪物理学的一次革命，狭义相对论的诞生在物理学上具有非常重要的意义，狭义相对论的意义主要表现在以下三方面：

1）狭义相对论把相对性原理由力学推广到物理学

我们知道，牛顿力学满足力学相对性原理，即牛顿力学规律在伽利略变换下具有协变性，然而，麦克斯韦理论并不满足力学相对性原理。为了解决麦克斯韦方程与伽利略变换之间的不和谐，爱因斯坦把力学相对性原理发展为狭义相对性原理,建立了狭义相对论。狭义相对论从逻辑上统一了经典物理学,在狭义相对性原理的基础上,统一了牛顿运动理论和麦克斯韦电磁理论,这两个理论都服从狭义相对性原理,都是对洛伦兹变换协变的。

2) 狭义相对论提出了一个与牛顿力学不同的时空观和物质观

狭义相对论考察了物理学最基本的概念:时间、空间、物质和运动,提出了一个与牛顿力学完全不同的时空观和物质观。

在牛顿力学里,时空是牛顿的绝对时空,牛顿的绝对时空是用欧几里得几何来描述的,时间间隔与空间长度都是绝对不变的,时空与物质运动也没有任何关系。在狭义相对论中,时空不再是欧几里得几何时空,狭义相对论的时空是用闵可夫斯基几何来描述,时间和空间都是随物质运动变化的。在牛顿力学里质量是一个常量,而在狭义相对论里,质量不是常数,而是随速度变化的。

3) 狭义相对论把牛顿力学由低速推广到高速

从狭义相对论的质量公式不难看出:牛顿理论给出的是物体在低速运动下的近似规律,狭义相对论则给出了物体在高速运动时的规律。狭义相对论还揭示了质量与能量相当,给出了质能关系式。

狭义相对论的这些成果,虽然对低速运动的宏观物体效应不明显,但是在研究微观粒子运动时,却显示出了其重要性和丰富的内容。因为,微观粒子的运动速度一般都比较快,许多是接近光速的。所以,粒子物理学离不开狭义相对论,质能关系式揭示的物理含意也极为深刻,它不仅为量子理论的发展创造了必要的条件,而且为原子核物理学的发展和应用提供了依据。

1.5　狭义相对论的矛盾

然而,任何一个伟大人物都不可能超越他所处的历史时代,爱因斯坦相对论诞生于100多年前,由于当时人们对一些物理问题的认识还不够深刻,因此,爱因斯坦狭义相对论不可避免地出现一些问题,其中的一个问题就是狭义相对论中存在许多矛盾。

与狭义相对论有关的矛盾可分为两类:一类是内在矛盾,即狭义相对论的悖论;另一类是外在矛盾,即狭义相对论与其他理论之间的矛盾。

下面介绍几个狭义相对论的悖论。

爱因斯坦狭义相对论建立不久，人们陆续发现一些悖论，狭义相对论的悖论大体可分为两种，一种与时间延迟效应有关，其中一个比较著名的悖论就是孪生子悖论。孪生子悖论的大意是：

有一对孪生兄弟，其中一个乘飞船以近光速旅行，对于地球上的兄弟来说，旅行者的时间变慢，因此乘飞船的比留在地球上的年青。然而，对于乘飞船的兄弟来说，地球也以近光速与自己做相对运动，于是地球上的时间变慢，因此留在地球上的兄弟要比乘飞船的年青。上面这两个相互矛盾的结果，究竟哪一个正确呢？

这就是著名的孪生子悖论。孪生子悖论是于1911年由物理学家朗之万(Langewan)首先提出的。7年后，即1918年，爱因斯坦在德国《自然科学》上给出了对这一问题的答复。爱因斯坦把问题分成几个阶段，如飞船的加速阶段、匀速阶段、减速阶段和返航阶段等。目前，在一些相对论的书中，讨论孪生子问题时，基本沿用了爱因斯坦的思路，也把问题分成几个阶段讨论。

在1960年代，国际上有过一场关于孪生子问题的争论，这场争论是由伦敦大学的丁格尔教授挑起的。从1962年开始，丁格尔著文对爱因斯坦狭义相对论提出怀疑，相对论的支持者麦克瑞对丁格尔的文章进行了反驳，于是，两人在著名的《自然》上展开了一场论战，这场论战持续了几年，始终无法达成共识，后来没有杂志愿意继续发表他们的论文。1972年，丁格尔写了一本书《科学在岔路口上》，重新阐述了自己的观点。从20世纪80年代开始，国内也有一些学者对孪生子问题进行质疑，另外，在《大学物理》上也刊登过一些有关孪生子问题的争论文章[13～18]。

可以说，从1911年开始，有关孪生子问题的争论已经持续了100年，至今这场争论还没有结束。

除了时间悖论外，在狭义相对论中还存在一些与尺度相关的悖论，例如潜水艇悖论和火车悖论等，火车悖论的大意是：

有一列火车和一条隧道，静止时火车的长度与隧道长度相同，现在火车以匀速 u 通过隧道，火车司机看来，由于隧道相对火车运动，根据尺度收缩效应，隧道的尺度会变短，隧道长度将小于火车的长度，因此，任何时候都有一部分车厢暴露在隧道外面，即火车不可能完全进入隧道内。而站在隧道口的观测者看来，由于火车相对隧道在运动，火车的尺度会变短，火车长度将小于隧道的长度，因此，总会在某一时刻，火车将全部进入隧道。上述两种情况，究竟哪一种情况会发生呢？

除了内在矛盾之外，狭义相对论还与其他的理论存在矛盾，例如，狭义相对论与马克思主义哲学之间的矛盾。

本书将围绕狭义相对论的内、外矛盾进行研究。

第2章 两个伟大理论的PK
——建国以来围绕相对论展开的争论

20世纪初，诞生了两部伟大的著作，一个是1905年爱因斯坦发表的《论动体的电动力学》，这篇文章的发表标志着爱因斯坦相对论的建立。另一个是列宁（见图2-1）于1908年完成的《唯物主义和经验批判主义》，该书丰富和发展了马克思主义理论，把马克思主义哲学发展到一个新的阶段[5,6]。

图2-1 列宁

然而，人们很快发现列宁书中的一些重要论断与爱因斯坦相对论的结果是相互矛盾的。本章我们首先回顾这场争论的起源——苏联学者对爱因斯坦理论的批判，然后重点介绍国内的情况：建国以来国内学者围绕相对论问题展开的争论以及由此引出的一个重大问题。

2.1　争论的起源

爱因斯坦相对论与列宁的著作之所以存在矛盾，其中的一个重要原因是，爱因斯坦相对论的建立深受马赫思想的影响，而列宁《唯物主义和经验批判主义》一书的主要内容是对马赫哲学的批判。

《马赫》一书的作者布莱默在该书中写道，马赫编写的两本教科书《初中自然科学概论》和《大学物理学教程》，曾在讲德语的国家广泛流传，爱因斯坦、海森伯、薛定谔等人都曾读过，并且不知不觉地从中受到影响。

在瑞士苏黎世联邦工业大学求学期间，贝索曾向爱因斯坦推荐了马赫的《力学史评》一书。那是 1896 年的秋天，爱因斯坦刚进入联邦工业大学，而贝索刚从这所大学毕业，在瑞士北部的一个电机厂工作，但他常来苏黎世，两人在这年秋天的一个晚会上相识，从此成为了终生的朋友。

爱因斯坦对于受益于马赫的启发终生不忘，曾多次回忆，人们从爱因斯坦相对论中也不难看出其中渗透着马赫思想的成分。

列宁于 1908 年写的《唯物主义和经验批判主义》一书，在这本书中，列宁重新阐释了马克思主义的认识论，并批判了马赫在《感觉的分析》等书中提出的一些观点：感觉是一切存在的基础，物体是“感觉的复合”。

对于列宁的批评，马赫一直保持沉默，但马赫的支持者（包括爱因斯坦）没有沉默，他们以不同的方式，对列宁的批评作出了回应。

1916 年马赫去世，这年 4 月爱因斯坦在德国《物理学杂志》发表悼念马赫的文章，文中称赞马赫“对当代自然科学家在认识上的倾向有极大的影响，他是一个具有罕见的独立判断的人。”爱因斯坦写道：“我甚至相信，那些自命为马赫反对派的人，可以说几乎不知道他们曾经如同吸他们的母亲的奶一样吸了多少马赫的思考方式。”

在爱因斯坦的文章中有一段话需要特别注意：“他把一切科学都理解为一种把作为元素的单个经验排列起来的事业，这种作为元素的单个经验也称为‘感觉’。这个词使得那些并未仔细研究过他的著作的人，常常把这位有素养的慎重的思想家，视为一个哲学上的唯心论者和唯我论者。”

在列宁的《唯物主义和经验批判主义》一书中，有一节的标题是“关于马赫和阿芬那留斯的唯我论”。由此不难看出，爱因斯坦的上述文字可以看作是对列宁批评的回应，同时也是在为马赫辩护。

1922年，在苏联刚刚创刊的杂志《在马克思主义旗帜下》，发表了莫斯科大学物理教授A·K·季米里亚捷夫的一篇书评，题目是《爱因斯坦“狭义与广义相对论”》。这是一篇从马克思主义的角度批评爱因斯坦相对论的文章。

季米里亚捷夫认为，相对论在根本上可以归结为马赫主义，爱因斯坦只不过是赋予马赫的观点以数学的形式。从物理学的观点看，相对论也是一般学者不能立即接受的。他的理由是：从爱因斯坦理论中得出的符合实际的全部结论，能够而且常常成功地借助其他理论用简单得多的方法得到，而且这些理论绝不包含任何不可理解的东西。

季米里亚捷夫在文章中还提出一个观点，爱因斯坦本人并没有对唯物主义原理进行任何积极的攻击，但爱因斯坦的学说已被各国资产阶级及其知识分子所利用。季米里亚捷夫的这一观点被列宁注意到了，列宁的《论战斗唯物主义的意义》一文就是读了季米里亚捷夫的文章之后写的，列宁对此评论说：“其实不仅爱因斯坦一人的遭遇如此，就是十九世纪末叶以来自然科学界的许多大革新家，甚至大多数革新家的遭遇都是如此。”从这里可以看出，列宁把爱因斯坦看作是自然科学的大革新家。

从1922年开始，苏联学术界就评价爱因斯坦和相对论展开了争论，在《在马克思主义旗帜下》杂志为这一问题的公开争论提供园地持续达三年之久，几乎每一期上都刊载有关文章。其中的一些文章已有中译文，季米里亚捷夫的文章就刊登在国内出版的《自然科学哲学问题丛刊》1979年第1期上。

在苏联关于爱因斯坦和相对论的批判、争论几乎一直在进行，其进行的方式类似波浪一样，其间时有高潮，如果说1922—1925年的这场争论是第一波浪潮，那么，第二波则出现在1930年代。

1933年6月10日，爱因斯坦在英国牛津大学作了一次报告，题目是“关于理论物理学的方法”。爱因斯坦在这篇报告中说：

“迄今为止，我们的经验已经使我们有理由相信，自然界是可以想象到的最简单的数学观念的实际体现。我坚信，我们能够用纯粹数学的构造来发现概念以及把这些概念联系起来的定律，这些概念和定律是理解自然现象的钥匙。经验可以提示合适的数学概念，但是数学概念无论如何却不能从经验中推导出来。当然，经验始终是数学构造的物理效用的唯一判据。但是这种创造的原理却存在于数学之中。因此，在某种意义上，我认为，像古代人所梦想的，纯粹思维能够把握实在，这种看法是正确的。”[19]

第二年，苏联《真理报》发表了瓦维诺夫的文章，文中引用了爱因斯坦上述这段话作为证据，批判了爱因斯坦的“唯心主义道路”和“数学唯心主义”。这次批判掀起的波浪更大，许多有名的苏联物理学家也抨击了爱因斯坦的马赫主义观点。

但总的来说，苏联物理学家对爱因斯坦相对论的批评还是沿着一条理智的路线进行的，他们主张把相对论和爱因斯坦分开。

对于相对论，他们一方面承认相对论是现代物理学的普遍可接受的基础，对科学有不可磨灭的贡献；另一方面也指责“其中与辩证唯物主义格格不入的东西”，关于后一方面，具体地说有以下内容：相对性原理导致否定运动的客观性；爱因斯坦假定光速是不可超越的最大速度；相对论否定了普遍的同时性；爱因斯坦试图把物理学变成几何学；等等。

对于爱因斯坦，他们认为，爱因斯坦的思想是唯心主义的，所以应该受到批判。这场批判不仅批判了爱因斯坦，量子力学的哥本哈根学派也受到了批判。

以上两次批判都发生在新中国建立之前，因此对中国的影响不大，但随后开展的一场批判对中国产生了很大的影响。这场批判是由斯大林的助手，苏共中央主管意识形态的日丹诺夫发起的，1947 年 6 月，日丹诺夫对爱因斯坦的宇宙学提出了批评：

“由于不懂得辩证的认识途径，也不懂得绝对真理与相对真理的相互关系，许多爱因斯坦的跟随者，将研究有限、有边的局部宇宙的运动定律所得到的结果，转用于无限的宇宙整体，因而已开始谈论有限的宇宙、时空的边界。”[20]

日丹诺夫的讲话引发了关于相对论哲学基础的新辩论，这场争论持续到 1955 年。1949 年以后，苏联对中国有着广泛的影响，苏联开展的这场批判相对论的运动很快传到中国，由此在国内引发了对相对论的批判。

2.2 争论的第一阶段(1949—1966年):中国学者跟随苏联学者批评爱因斯坦相对论

1949年,新中国建立后便开始向苏联学习。当时,苏联正在展开一场哲学争论,争论中,一些苏联哲学家和物理学家对爱因斯坦相对论进行了批评。苏联开展的这场争论很快就传播到中国。1951年,在中国科学院主办的刊物《科学通报》上,翻译发表了卡尔波夫的"论爱因斯坦的哲学观点"一文。卡尔波夫在文中说爱因斯坦的哲学观点是一种物理学的唯心主义,同时,他还把爱因斯坦说成是"一位大物理学家,但也是很小的哲学家"[21]。

卡尔波夫的这句话来源于列宁,列宁在批评德国化学家奥斯特瓦尔特(W. Ostwald)时,使用了"伟大的化学家,渺小的哲学家"这句话。此后这句话成为经常被一些人引用的一个格言。卡尔波夫的文章发表后,爱因斯坦在中国的形象很快变成了:一位伟大的物理学家,但同时是一个渺小的唯心主义的哲学家。

1955年爱因斯坦去世,同年5月,周培源教授在《物理学报》上发表一篇纪念文章《阿·爱因斯坦在物理上的伟大成就》。周培源是中国物理学会的会长,他的文章反映了当时中国物理学界对爱因斯坦的评价。周培源概述了爱因斯坦在狭义相对论、广义相对论和物理学其他领域的重大贡献之后,在文章的最后一段写道:

"我们也必须正视爱因斯坦的缺点……他是一位能发现物理规律的唯物主义者,可是他对他所发现的物理规律表示哲学意见时,经常从唯心主义的观点出发。错误的哲学观点不能不妨碍科学事业的前进。要能批判爱因斯坦的唯心论观点,深入地掌握他的学说,从而能更有效地学习近代物理学,我们物理学工作者必须加紧学习马克思列宁主义,建立和掌握辩证唯物主义的世界观与思想方法。"[22]

周培源写这篇文章时,苏联正在批判爱因斯坦的唯心主义哲学思想,而中国正在全面向苏联学习。在这一历史背景下,周培源写了上面那段话。在后来出版的《周培源文集》中,这段话被删掉了。

1957 年，科学出版社出版了张宗燧教授所著的《电动力学和狭义相对论》一书，书中第 37 节的题目为"与相对论有关的唯心思想的批判"，在这一节里，对爱因斯坦相对论的唯心思想作了简单的叙述和批判。通过这本书，可以大致了解当年批判爱因斯坦相对论的一些内容[23]：

"第一种唯心思想是：既然两件事情的时间间隔、空间距离对于不同的观察者是不同的，那么时空是带有'主观'性质的。这一点的错误是极易看出的。"

"第二种唯心思想是：既然时间间隔是相对的，而事情的先后对所有的观察者是一致的，因此，时间间隔的值没有绝对意义，而时刻的先后是有绝对意义的，因此时间只是'事情的排列'。又因排列是'感觉'的，因而时间存在于'感觉'中。"

"第三种唯心思想是：时间必须通过测量才有意义。"

张宗燧文章中的主要观点均引自卡尔波夫等人的文章，由此可见，当时的中国学者是在被动地跟随苏联学者批判爱因斯坦。

随着 1956 年中苏关系发生了微妙的变化，苏联对中国的影响也日益减弱。在 1956 年至 1960 年代中期，国内再没有出现对爱因斯坦相对论的集中批判。但这时爱因斯坦仍然被定格为"伟大的科学家和渺小的哲学家"。《爱因斯坦在中国》一书的作者对这段历史作了如下的评述：

"虽然在 1960 年代中期以前，这些批评可能没有对中国的科学研究造成严重的影响，但它撒播了有毒的种子，并为此后 10 年内对爱因斯坦和相对论所进行的更为激烈的抨击做了准备。"[20]

2.3　争论的第二阶段(1966—1976 年)：对相对论及其宇宙学的批判

1970 年 4 月，中国科学院成立了一个刊物编辑部，这个刊物的名称是《相对论问题讨论》。1970 年 6 月，《相对论问题讨论》第一期出版，共发表 6 篇文章，其中 5 篇是批判相对论的，另外一篇是为相对论辩护的，这篇文章的署名是中国科学院原子能研究所的"基本粒子理论革命大批判小组"。文章列举了

20多项实验结果，说明爱因斯坦狭义相对论的正确性。

经过几年的准备，“上海市理科革命大批判写作组”完成了4篇长文，从4个方面对爱因斯坦相对论进行批判。文章的题目分别是：“评爱因斯坦的时空观”、“评爱因斯坦的运动观”、“评爱因斯坦的物质观”和“评爱因斯坦的世界观”。上述文章发表在“复旦学报（自然科学版）”以及“自然辩证法杂志”上，署名是“李柯”，即“上海市理科革命大批判写作组”中“理科”二字的谐音[25~28]。

1972年在新创刊的《物理》杂志上刊登了一篇文章，题目是“关于标量-张量理论中含物质及黑体辐射的宇宙解”，此文是在国内发表的第一篇关于相对论大爆炸宇宙学的学术论文[29]。

此前，国内从未有人发表过大爆炸宇宙学的论文，主要原因是：

在恩格斯的《反杜林论》、《自然辩证法》和列宁的《唯物主义和经验批判主义》的书中，有关于宇宙在空间和时间上都是无限的论述。由于相对论的宇宙学与恩格斯和列宁的观点有矛盾，这个理论在苏联受到了批判。受此影响，宇宙学在中国的发展也受到了阻碍，在1970年代之前，国内几乎没有人研究宇宙学。另外，虽然大爆炸宇宙学诞生于1940年代，但这个理论在提出后的20年里，并没受到人们的关注，研究这个理论的人并不多。

然而，这一情况在1960年代中期发生了改变。

1965年彭齐亚斯和威尔逊发现了微波背景辐射，迪克等人把这一结果与宇宙大爆炸理论联系起来，给出微波背景辐射是宇宙大爆炸遗迹的物理解释。此后，大爆炸宇宙学在国际物理学界逐渐“热”了起来。

中国科技大学的几位教师注意到了国际物理学的变化，在1970年代初，开始转向宇宙学的研究。

《物理》杂志是当时国内一个最主要的物理学刊物，通过这个杂志，我们可以看到当年围绕相对论展开的这场争论的大概情况。大爆炸宇宙学的那篇论文发表后不久，批判的文章就接踵而来，第一篇批判文章的题目是“学习《唯物主义和经验批判主义》”。文中谈了学习列宁《唯物主义和经验批判主义》的感想，然后对“宇宙有限”的观点进行了批判。以后的一些文章也是以列宁这本书中的观点为依据进行批判的[30]。

从1975年开始，关于大爆炸宇宙学的文章越来越少了，相对论争论的热点转向另外一个问题，热点的转换与一本书的出版有关。1973 年，中国科学院数学研究所的一位数学家秦元勋出版了《空间与时间》一书[31]。

“秦元勋于 1947 年从哈佛大学获得博士学位，是应用数学领域的专家，并为中国第一颗原子弹的设计做出了贡献。但他也许是唯一一位积极参与 1968—1970 年北京相对论批判运动的资深科学家。”[20]

1975 年，《物理》杂志在“物理学争鸣”的栏目下，刊登了秦元勋的一篇文章，以及三篇评论文章。秦元勋在文章中抛弃了有争议的“光速不变”的爱因斯坦假设，提出一个新的时空理论，秦元勋认为，他提出的这个理论可以将爱因斯坦理论作为一种近似包含在内，而且还可以处理可能的超光速现象[32～35]。

对于秦元勋的工作，有人赞扬也有人批评。在赞扬者中，有人称赞他的这篇文章是中国第一篇挑战爱因斯坦理论的论文。与此同时，批评者的批评也很尖锐，一篇署名为“中国科学技术大学相对论天体物理组”的文章认为：秦元勋的工作只是重复了西方物理学家自 1910 年以来所做过的工作，“不仅没有击中爱因斯坦的哲学思想中的唯心论及实证论，反而把一些好的东西也丢掉了，宣扬了错误的东西。”

不管如何评价秦元勋的工作，以秦元勋的文章为开端，在其后两年多的时间里，《物理》杂志发表了 20 多篇文章，围绕相对论问题展开讨论，这场争论直到 1977 年 6 月才结束。

2.4　争论的第三阶段(1977 年至今)：争论双方的地位发生了逆转，一些相对论专家开始对马克思主义哲学进行批评

1976 年 10 月，中国进入了改革开放的新时期。1978 年，全国科学大会在北京召开，会上提出了科学技术是生产力的论断，此后，科学工作得到了国家的高度重视。在这一历史背景下，相对论专家许良英提议，在爱因斯坦百年诞辰的时候举办一次纪念活动，为爱因斯坦公开平反。1978 年 8 月，中国物理学会接受了他的建议，9 月 21 日，物理学会将组织纪念活动的请示报告提交给国务院副总理方毅，方毅又将报告呈送邓小平，请求指示。9 月 30 日，邓小

平批准了组织纪念活动的请示报告。

1979年2月20日,中国科学技术协会、中国物理学会和中国天文学会在北京联合举办了一场盛大的纪念集会,纪念爱因斯坦诞辰100周年。爱因斯坦的生日是3月14日,这次集会的组织者有意使中国的纪念活动早于其他国家,以表示更为重视。

中国科协代主席周培源在大会上作了主题演讲,周培源对爱因斯坦作了全面的重新评价,称赞爱因斯坦在科学史中的地位只有哥白尼、牛顿和达尔文可以与其相比。周培源还特别强调,爱因斯坦的相对论不是"唯心论",而是"自然科学唯物论"。周培源说:"他从自然科学唯物论的立场出发,认为实践是知识的唯一源泉。他说'一切关于实在的知识,都是从经验开始,又终结于经验','唯有经验能够判定真理'。"

此后,在国内发行的报纸杂志上,再也找不到批评爱因斯坦的文章了。相反,以爱因斯坦理论为依据批评列宁著作的文章开始出现了。虽然有些文章没有公开点列宁的名字,但批评者语言之激烈超出了人们的想象。

2.5 由相对论的争论引出的一个重要课题

回顾相对论争论的历史,我们看到这样一种情况:中国有句话叫"三十年河东,三十年河西"。用这句话来形容建国以来围绕相对论的争论是非常恰当的。

在改革开放之前的30年,批评相对论的人拥有话语权,相对论处在被批判的位置上,批判相对论的一个主要依据是列宁写的一本书《唯物主义和经验批判主义》。然而,1979年之后,情况出现了逆转,用列宁的理论批评相对论的文章看不见了,而以相对论为根据,批评甚至否定马克思列宁主义的文章出现了。

为什么会出现这种现象呢?作者以为,之所以会发生关于相对论的争论,其中最主要的一个原因是:马克思列宁主义哲学与爱因斯坦相对论之间确实存在着矛盾。我们只有找出这个矛盾产生的原因,解决了这个矛盾,这场争论才会停下来,否则,这场争论还会继续下去。

马克思主义哲学是一门科学，爱因斯坦相对论也是科学，两个科学理论之间出现了矛盾，正确的做法应该是用科学的态度对待这一问题，用科学的方法解决矛盾。

国内有一位著名学者（于光远）曾说过：法律是使人服从的，宗教是供人膜拜的，而科学则是让人探索、研究、批评、争论、发展和运用的。

在改革开放之前的 30 年，一些人用教条主义的方式，或者说用类似宗教的方式对待马克思列宁主义，只许用马克思、列宁的语录批评别人，而不许对马克思、列宁的著作提出任何异议。

在最近这 30 多年，一些物理学家把爱因斯坦神话了，爱因斯坦成为今日物理学的一尊“神”，任何批评爱因斯坦相对论的文章都被禁止了。

作者认为，以上两种做法都不是科学的态度，也不符合马克思主义。科学的主要任务是探求真理，在探索真理的过程中，不可避免地会出现分歧和矛盾，有分歧、有矛盾就应该允许争论、允许批评。真理是不怕批评的，科学也是在争论中不断地前进。

因此，正视马克思主义哲学和爱因斯坦相对论之间存在的矛盾，研究这些矛盾是怎样产生的以及在马克思主义哲学和爱因斯坦相对论之间，究竟哪个理论出现了错误，这是今日哲学和物理学都需要认真研究的一个重大问题。

第3章 把马克思主义哲学与爱因斯坦相对论之间的矛盾转换成具体的相对论问题

马克思主义哲学与爱因斯坦相对论之间存在矛盾，说明这两个理论中必有一个存在问题，那么，究竟是马克思主义哲学有问题，还是爱因斯坦相对论有问题？

3.1 列宁的《唯物主义和经验批判主义》的诞生过程以及主要内容

列宁的《唯物主义和经验批判主义》一书是继恩格斯的《反杜林论》和《自然辩证法》之后，又一部把马克思主义哲学用于自然科学领域的重要著作[5]。虽然，在这本书中列宁讨论了许多自然科学问题，但是，列宁写作这本书并不是为了讨论自然科学问题，而是针对当时俄国社会民主工党党内政治斗争的需要而写的。

马克思和恩格斯逝世后不久，社会主义运动由于在理论上出现了分歧，各国的社会主义政党也出现了分裂，在俄国表现为布尔什维克和孟什维克的对立。国际上，由考茨基主编的德国社会民主党理论刊物《新时代》，在恩格斯逝世后开始发表修正马克思主义的文章。1896 年，德国社会民主党人伯恩斯坦发表了题为“社会主义问题”的一组文章，提出修正马克思和恩格斯的学说。伯恩斯坦主张从新康德主义的立场修正马克思主义哲学。伯恩斯坦的这些主张后来被称之为修正主义。

另一方面，当时在俄国国内以及在奥地利，马赫哲学比较流行，一些马赫主义的追随者，其主要代表人物有俄国布尔什维克领导人之一的波格丹诺夫以及奥地利社会民主党的创始人阿德勒(此人是贝索和爱因斯坦的朋友)，他们主张把马赫哲学吸收到马克思主义哲学中来。

波格丹诺夫是马林诺夫斯基的笔名，俄国马赫主义的一个主要代表，他在1890年代参加工人运动，曾一度担任布尔什维克委员会常务委员。1904年，波格丹诺夫出版了他的哲学著作《经验一元论》的第一卷，同年，波格丹诺夫和列宁在日内瓦会面，列宁将自己的一部著作送给波格丹诺夫，波格丹诺夫也把《经验一元论》送给列宁。列宁很快看完了这本书，并注意到书中的马赫哲学倾向，于是写信给波格丹诺夫，指出其中的错误。

列宁对马赫思想的传播为什么如此重视呢？如果我们了解了马赫的观点就不难理解了。马赫不是马克思主义者和社会主义者，他不赞成阶级斗争和无产阶级革命的社会理论。而列宁则主张无产阶级用革命的手段推翻资产阶级，建立社会主义。显然，马赫的观点如果广泛传播，必然会造成布尔什维克党内的思想混乱，影响党的战斗力。为此，列宁提出对马赫主义进行批判。为了维护党的团结，列宁不便自己出来公开批评波格丹诺夫，他让党内一位理论专家阿克雪里罗德写了“修正主义的变种”一文，批评了波格丹诺夫的观点[39]。

1906年，波格丹诺夫又出版了他的《经验一元论》的后两卷，并且在第三卷的序言中，对阿克雪里罗德的批评进行了反击。1908年，正值马赫70寿辰，波格丹诺夫又发表了“马赫和革命”一文。同年，在俄国还有4本马赫主义的哲学著作出版。

“其中，第一本是1908年在圣彼得堡出版的巴扎罗夫、波格丹诺夫、卢那察尔斯基、别尔曼、格尔方德、尤什凯维奇、苏沃洛夫的论文集《关于[？应当说是:反对]马克思主义哲学的概念》，其次是尤什凯维奇的《唯物主义与批判实在论》、别尔曼的《从现代认识论来看辩证法》和瓦立案庭诺夫的《马克思主义的哲学体系》”(见参考文献[5]第5页)。

波格丹诺夫的做法激怒了列宁，看了《经验一元论》的后两卷之后，列宁用了3个笔记本写了一封长信“一个普通马克思主义者的哲学见解”，批评了波格丹诺夫。为了制止马赫主义的进一步传播，列宁决定亲自出马，对马赫主义进行批判。

1908年2月，列宁在日内瓦开始写《唯物主义和经验批判主义》一书，1908年5月列宁从日内瓦到伦敦，在伦敦住了约一个月，在英国博物馆阅览室里专门研究一些日内瓦所没有的文献。从1908年2月到9月，列宁大量阅读和反复钻研了马克思和恩格斯的有关著作，仔细研究了200多部有关哲学和自然科学方面的英、俄、德、法、意等各种文字的书籍，1908年10月该书写成，手稿被秘密转寄到莫斯科。1909年5月，这部书在莫斯科出版。

虽然这部书是为了论战而写的一部著作，但它在许多方面发展了马克思主义哲学，书中主要内容如下：

代绪论：某些“马克思主义者”在1908年和某些唯心主义者在1710年是怎样驳斥唯物主义的。

第一章：经验批判主义的认识论和辩证唯物主义的认识论(一)。

第二章：经验批判主义的认识论和辩证唯物主义的认识论(二)。

第三章：经验批判主义的认识论和辩证唯物主义的认识论(三)。

第四章：作为经验批判主义的战友和继承者的哲学唯心主义者。

第五章：最近的自然科学革命和哲学唯心主义。

第六章：经验批判主义和历史唯物主义。

结论。

由此可见，在《唯物主义和经验批判主义》一书中，列宁重点阐述了马克思主义哲学的认识论，阐明了辩证唯物主义的真理观，论述了绝对真理与相对真理的辩证关系。

3.2 列宁的论断与爱因斯坦相对论之间的矛盾

辩证唯物主义的真理观，即对科学真理的绝对性与相对性的辩证关系的论述是列宁《唯物主义和经验批判主义》一书的一个重要内容，也是列宁的这部著作与爱因斯坦相对论出现分歧的一个地方，下面，我们先对列宁的观点作一简要叙述。

恩格斯在《反杜林论》中论述了绝对真理和相对论真理的辩证关系，列宁在《唯物主义和经验批判主义》一书中，对恩格斯的论述作了进一步的概况和发挥。

真理的绝对性是指，真理是客观事物及其规律在人的意识中的正确反映，因此，科学真理具有客观性，马克思主义承认客观真理也就承认科学真理的绝对性，真理不会随人的意识而发生改变。然而，人对客观事物的认识过程是有局限性的，人不可能一次性毫无遗漏、无条件地获得终极真理。因此，人对于在一定发展阶段上具体事物的认识只具有相对的真理性，这就是真理的相对性。

对于绝对真理和相对真理的关系，恩格斯认为，人类的思维能力按其本性来说，能够认识绝对真理，这是无条件的、绝对的、无限的；但对具体时代和具体的人来说，认识能力又是有条件的、相对的、有限的；人们对绝对真理的认识，只有通过人类生命的无限延续才能实现，通过对无数相对真理的认识才能达到绝对真理。

列宁对恩格斯的观点作了进一步的论述："绝对真理是由发展中的相对真理的总和构成的，相对真理是不依赖于人类而存在的客体的相对正确的反映，这些反映日趋正确。每一个科学真理尽管有相对性，其中都含有绝对真理的成分——这一切论点，对于所有研究过恩格斯的《反杜林论》的人是不言而喻的。"（参考文献[5]第 309 页）

这就是说，绝对真理寓于相对真理之中，相对真理包含绝对真理的成分，绝对真理是相对真理的总和。任何一个科学真理，就其对有限事物的认识来说，它是相对的、非永恒的；就其反映了客观规律来说，它是绝对的、永恒的。所以，它既是相对真理，又包含有绝对真理的因素，是相对真理与绝对真理的辩证统一。

自然科学发展的历史表明，人们对真理的认识，正是一个从不知到知、从不完全的知到比较完全的知、从相对真理不断地向绝对真理趋近的过程。因此，人类对真理的探索是永无止境的。

然而,列宁的上述论断却与爱因斯坦相对论的一些结果之间存在着矛盾。

马克思主义哲学与爱因斯坦相对论之间的矛盾主要集中在两个地方,一个是宇宙学(包括黑洞物理学),另一个是狭义相对论。本书我们只讨论狭义相对论的问题。

下面,我们以狭义相对论的火车悖论为例,分析列宁的论断与爱因斯坦相对论之间的矛盾是怎样产生的。

火车悖论的大意是:有一列火车和一条隧道,火车静止时的长度与隧道的长度一样。现在,火车以接近光的速度运行并通过隧道。地面上有一个观察者,对火车和隧道的长度进行测量,看一看火车和隧道哪一个长。同时,在火车上也有一个观察者,在做同样的工作。我们的问题是,这两个观察者所得出的结论是相同的吗?

我们先用列宁有关真理绝对性与相对性的论断对这个问题进行分析。

按照列宁的观点,科学真理都是客观真理,客观真理不会因为人而发生改变。根据这一观点,我们可以作出如下判断:火车和隧道哪个长、哪个短?对于这个问题应该有一个客观的答案,这个答案是不会因人而发生改变的,即不论人是在地面上进行观察,还是在火车上进行观察,所得结论应该是一致的。

下面,我们再用爱因斯坦相对论分析上述问题。

在狭义相对论中有一个结果,即运动物体的长度缩短了。对于地面观测者来说,由于隧道没有动,而火车在运动,根据相对论的上述观点,地面观测者得出,火车的长度比隧道短。而对于火车上的观测者来说,火车没有动,隧道在运动,于是他得出隧道的长度比火车短。因此,两个观测者所得结论是不一样的。

不仅如此,相对论还认为上面两个观测者的结论都是对的。因为,在相对论中对物理规律的理解与列宁的观点不同。相对论中有一个原理叫“人择原理”。1987 年,方励之写了一本书《宇宙的创生》,书中对有关物理规律的“人择原理”是这样解释的[40]:

为什么物理规律是这样的,也许由于只有这样形式的规律是人可以理解的。

更详细一点就是:

物理规律是人可以理解的；

可以理解的规律应该是合乎逻辑的；

合乎逻辑是没有太多自由选择余地的；

因此，物理规律是受到“人可理解”这一条件制约的。

由此可见，在火车悖论这一问题上，马克思主义哲学与爱因斯坦相对论的分歧是：

马克思列宁主义哲学认为，科学真理（包括物理规律或物理学的结果）是客观的，客观的规律不会因为人的原因而发生改变。根据上述观点，我们可以得出两个观测者所得结果应该是相同的。

而相对论认为，地面观测者得出隧道比火车长，而火车上的观测者得出隧道比火车短。上面两个结果是两个不同的人从不同的角度合乎逻辑地“人择”出来的，根据“人择原理”，物理规律是人择的，所以，上面两个结果都是正确的。

把上述分歧上升到哲学层面，便可得出，马克思主义哲学和爱因斯坦相对论之所以存在矛盾，原因是这两个理论在对真理问题的认识上存在分歧。列宁根据唯物主义的思想，认为真理是客观的；而爱因斯坦相对论在对真理的解释上，显然带有“主观”的、“唯心”（或“人择”）的色彩。

20世纪50～70年代，一些批评相对论的文章，都是从哲学层面进行论述的，文章中充满了“主观”、“客观”、“唯物”和“唯心”等字眼，这种抽象的、哲学式的批评显然是没有说服力的。

3.3　对当年批评相对论文章的分析以及作者的研究方法

1971年，作者中学毕业后，曾上山下乡做了三年知青，1974年进工厂当工人。在当工人期间，开始自学数学、物理学和哲学，当时作者还订了两份杂志，一个是《力学与实践》，另一个是《物理》。秦元勋在1975年发表的文章以及之前和之后在《物理》杂志上发表的其他批评相对论的文章，作者当时都看到了。不过，那时作者还没有系统地学习相对论，许多文章还看不懂。但是，当年那场围绕相对论所展开的争论，给作者留下了深刻的印象。

1977年，恢复高考后，作者考入北京航空航天大学，在这所大学完成了本科、硕士和博士学位的学习，博士毕业后进入中国科学院，从事基础科学的研究。

早在大学期间，即1979年作者便开始学习爱因斯坦相对论，最初，是怀着对爱因斯坦十分崇敬的心情来学习他的理论。然而，当学到相对论的悖论时，作者逐渐对相对论产生了怀疑，感觉当年的一些批评很有道理。

作者的研究生论文与空气动力学的“钱学森猜想”有关，在研究生期间，作者对钱学森的文章进行过调研，钱学森关于用马克思主义哲学指导科学研究工作的论述以及他对方励之的批评，对作者有一定影响。

1980年代，作者在读方励之的《相对论天体物理的基本概念》一书时，对黑洞理论以及广义相对论奇点的存在性产生了怀疑，并由此走上了质疑相对论的道路。后来，又读了方励之的《哲学是物理学的工具》，进一步加深了对相对论的怀疑。

由于对相对论产生了怀疑，于是作者重新阅读了《物理》杂志上当年发表的那些批评相对论的文章。另外，作者还把20世纪50～70年代发表的批评相对论的文章找来，其中也包括一些苏联学者的批评文章[41～43]。

通过对这些文章的研读，作者发现，不考虑文章中的政治色彩，仅从学术角度看，这些批评文章存在以下不足：

(1) 批评者对相对论缺乏深入的研究，很多人只是对狭义相对论有一个初步了解，就对相对论展开了批判。

作者认为：爱因斯坦相对论是一个完整的理论体系，这个理论体系包括狭义相对论、广义相对论、黑洞理论和大爆炸宇宙理论。要想让人信服地批评爱因斯坦相对论，首先，我们需要把这几个理论联系起来一起研究。其次，相对论还是一个公理化的理论，这个理论以非欧几何学为基础，因此研究相对论，还必须掌握相对论的数学基础，非欧几何学和公理化的方法。再次，相对论中包含许多重要的数学思想和物理思想，要想正确地理解这些思想，还需要研究相对论的历史、物理学的历史、宇宙学的历史和数学的历史。最后，爱因斯坦相对论与量子力学之间有矛盾，因此，需要了解量子力学；相对论与马克思主义哲学也有矛盾，因此，我们也需要学习研究马克思主义哲学。总之，只有掌握了上面这些知识，我们才有可能在相对论中发现爱因斯坦的失误，指出相对论的错误。

(2) 一些批评者把马克思主义哲学与爱因斯坦相对论完全对立起来，认为这两个理论水火不容，并以马克思主义为依据，全盘否定爱因斯坦理论，这样的批判显然没有说服力，也是错误的。

在1970年代的一些批判文章中，批评者试图全盘否定爱因斯坦理论，而爱因斯坦相对论有大量的实验依据，以在陈伯达支持下搞的那份批判材料为例，其中有5篇文章批判相对论，而另外一篇文章给出22项实验根据，说明狭义相对论是正确的，因此，这些批判不能自圆其说。

(3) 只停留在哲学层面上进行讨论，没有对相对论的内在矛盾进行分析。

与相对论有关的矛盾可分为两类：一类是外在矛盾，例如，相对论与量子力学的矛盾、相对论与马克思主义哲学的矛盾；另一类是内在矛盾，即相对论中的悖论，例如火车悖论、孪生子悖论等。在20世纪50～70年代的批判文章中，由于批评者缺乏对相对论的深入研究，批判文章只是停留在对外在矛盾的讨论(即只从哲学层面上批评相对论)，没有把外在矛盾和内在矛盾结合起来进行分析。

通过对上述批评相对论文章的分析，在此基础上，作者提出了自己的研究方法：

(1) 深入系统地学习马克思主义哲学和爱因斯坦相对论，同时还要研究与相对论有关的科学史。

(2) 把马克思主义哲学与爱因斯坦相对论进行对比，找出两个理论存在矛盾的地方。

(3) 马克思主义哲学与爱因斯坦相对论的矛盾属于哲学矛盾，把这些哲学层面上的矛盾，转化成具体的相对论问题。

(4) 从哲学、数学、物理、历史和实验等诸多方面，对具体的相对论问题进行分析，最终找出相对论中存在的错误。

下面，我们仍以火车悖论为例，对上述研究方法予以说明。

作者在研究火车悖论时发现，马克思主义哲学与爱因斯坦相对论之间的分歧，可以归结成列宁的一个论断与爱因斯坦的一个结果之间的矛盾。列宁的论断是真理是客观的，客观真理不会因为人而发生改变；爱因斯坦的结果是运动物体的长度缩短。那么，列宁的论断和爱因斯坦的结果究竟哪一个正确呢？

作者通过进一步的分析发现：列宁的论断是马克思主义哲学中的一个重要论断，这一论断阐述了马克思主义的真理观，即真理是客观的。如果这个论断有错误，那就意味着马克思主义在“什么是真理”这一问题的认识上都存在错误，这对马克思主义哲学理论来说是致命的。

而爱因斯坦的“运动物体长度缩短”这个结果，只是从洛伦兹变换派生出来的一个结果。在狭义相对论理论体系中，不占据重要位置，而且，从这个结果还衍生出许多悖论（火车悖论和潜水艇悖论等）。如果这个结果是错的，对狭义相对论的理论体系不但没有伤害，反而还能消除一些悖论，使狭义相对论更为完善。从 1980 年代中期开始，经过多年的潜心研究，作者终于解决了这一问题，即证明了在爱因斯坦狭义相对论中存在一个隐藏 100 多年的错误，这个错误就是“运动物体的长度缩短”。

第4章 “运动物体长度缩短”是隐藏在爱因斯坦狭义相对论中的一个错误

4.1 “运动物体长度缩短”与狭义相对论的另一结果有矛盾

众所周知，狭义相对论有两个效应：时间延迟和长度缩短，即在一个运动的飞船里，时间变慢了，物体的长度变短了。在狭义相对论中对这两个效应是分别论述的，过去没有人把两者联系起来进行考察过。作者在研究中发现，把这两个效应联系起来进行研究可以得出，时间延迟和长度缩短这两种效应是相互矛盾的，两者如果同时成立，必然违反光速不变原理。

爱因斯坦喜欢用思想实验来阐述他的观点，为了说明上述观点，作者也设计了一个思想实验。

假设有一个测量光速的装置，其构造如下：在装置中有一个刚棒，刚棒的一端安装一个既可以发射又可以接收光子的仪器，每当发射或接收到光子的时候，仪器都会自动记录时间；在刚棒的另一端安装一个镜子可以反射光子。

下面我们就用这个装置测量光速，首先在静止于地面的参考系 S 中进行测量，参考系 S 中的观测者在 t_1 时刻观测到发射器发射了一个光子，光子被镜子反射后，在 t_2 时刻观察者看到接收器接收到光子，假设 $\tau=t_2-t_1$，刚棒的

长度为 L,于是观测者测得光速为

$$c=\frac{2L}{\tau} \tag{4-1}$$

下面再把上述装置放到运动的飞船中测量光速,设飞船参考系为 S'。为简单起见,我们假设,坐标轴 x 与坐标轴 x' 重合,飞船 S' 以速度 u 沿着 x 方向相对 S 做匀速直线运动,y' 轴平行于 y 轴,z' 轴平行于 z 轴。同时还假设上述装置是沿着平行于坐标轴 x' 的方向放置。参考系 S' 中的观测者在 t_1' 时刻观测到发射器发射了一个光子,然后在 t_2' 时刻看到接收器接收到光子。假设 $\tau'=t_2'-t_1'$, S' 中的观测者测得刚棒的长度为 L',于是得出光速为

$$c=\frac{2L'}{\tau'} \tag{4-2}$$

根据光速不变原理,两个参考系中的光速相同,于是,由式(4-1)和式(4-2)可以得出

$$c=\frac{2L}{\tau}=\frac{2L'}{\tau'} \tag{4-3}$$

上述公式表明,在运动的参考系 S' 中,时间 τ' 和长度 L' 必须同时放大,或者同时缩小。如果在运动的参考系 S' 中时间延迟了,即

$$\tau'=\gamma\tau=\frac{\tau}{\sqrt{1-\frac{u^2}{c^2}}} \tag{4-4}$$

由式(4-3)和式(4-4),立即得出

$$L'=\gamma L \tag{4-5}$$

注意式(4-5)中的 $\gamma=\dfrac{1}{\sqrt{1-\frac{u^2}{c^2}}}$ 是一个大于1的数,因此有:$L'>L$,这个结果表明,在运动参考系中的刚棒长度要大于静止参考系的刚棒长度。显然,这与狭义相对论的"运动物体长度缩短"的结果相矛盾。

换句话说,上述这一思想实验表明,"时间延迟"和"长度缩短"这两个效应

是相互矛盾的，两者如果同时成立，必然违反光速不变原理。因此，两者之中必有一个是错误的。

4.2 从实验的角度看，“运动物体长度缩短”与实验结果不符

实验是检验真理的标准，狭义相对论给出了三个结果：光速不变、时间延迟和长度缩短。下面我们讨论用实验的方法对这三个结果进行检验。我们知道，量纲分析是实验物理学的基础，在实验之前我们先进行量纲分析，光速的量纲等于长度除以时间，即

$$\text{光速} = \frac{\text{长度}}{\text{时间}} \tag{4-6}$$

式(4-6)告诉我们，如果我们在静止参考系 S 中测量光速，假设光速为 c、长度等于 $2L$、时间为 τ，那么，在运动参考系 S' 中测量光速时，“光速不变”意味着式(4-6)的左端不变，“时间延迟”意味着式(4-6)的分母将变大，而“长度缩短”表明式(4-6)的分子会变小，把这三个结果代入式(4-6)，可以得到

$$\text{光速不变} \neq \frac{\text{分子变小}}{\text{分母变大}} \tag{4-7}$$

从式(4-7)我们可以得出：“光速不变”、“时间延迟”和“长度缩短”这三个结果不可能同时成立，它们之中只能有两个结果成立，换句话说，在这三者之中必有一个是错误的。目前“光速不变”和“时间延迟”都有实验依据，人们自然会想到用实验的方法对“长度缩短”进行验证。

1902 年，瑞利就提出，长度收缩可能导致透明体的密度发生变化，从而产生双折射现象。瑞利估计这个效应属于二级，即可能小到 $\left(\frac{u}{c}\right)^2 = 10^{-8}$ 的量级。瑞利亲自做了这个实验，他用水和亚硫酸氢碳作为媒介，实验精度可达 10^{-10}，然而，却没有观察到双折射现象。两年后，美国物理学家布雷斯重复了瑞利的实验，布雷斯的实验精度可达 $10^{-12} \sim 10^{-13}$，但是，他也没有观察到双折射。

在20世纪，人们还做了许多实验，但都没有观察到“运动物体长度缩短”。现在，我们重新分析这些实验不难发现，这些实验实际上已经否定了运动物体长度缩短。实验是检验真理的标准，因此，从实验的角度看，“运动物体长度缩短”与实验结果不符。于是，人们不禁会问，“运动物体长度缩短”这个观点是怎么提出来的呢?

4.3 “运动物体长度缩短”是洛伦兹基于牛顿时空观得出的一个结果，这一结果在相对论中并不成立

“运动物体长度缩短”观点的提出，与历史上一个著名的物理实验——迈克尔孙-莫雷实验有关。

迈克尔孙-莫雷实验是物理学历史上一个著名实验，这个实验动摇了经典物理学的基础，并导致相对论的建立。有关这个实验的历史背景是:麦克斯韦是19世纪著名的物理学家，他建立了麦克斯韦电磁理论，这个理论系统地总结出电磁场的运动规律，即麦克斯韦方程组。由麦克斯韦电磁理论可以推导出真空中电磁波的传播速度为

$$c = \frac{1}{\sqrt{\varepsilon_0 \mu_0}}$$

式中，ε_0 为真空介电常数，μ_0 为真空磁导率。通过电磁学测量得到 ε_0 和 μ_0 的数值，将其代入上式，计算出电磁波的速度，恰好与实验测得的光速相等。于是，麦克斯韦预言:存在着电磁波，而且光波就是电磁波。1888年，赫兹从实验上证实了电磁波的存在，以后人们又进一步证实了光波就是电磁波。麦克斯韦预言了电磁波的存在，预言了光波与电磁波的统一，是麦克斯韦电磁理论的巨大成功。

按照电磁理论，真空中的光速，即真空中的电磁波的速度是一个常数。但是，按照伽利略变换，如果一束光在惯性参考系 S 中的速度是 c，在相对于 S 以速度 u 运动的惯性参考系 S' 中，它的速度就不是 c。如果光束传播方向与速度 u 同向，光的速度是 $c-u$，反之则为 $c+u$。这就提出一个问题，麦克

斯韦电磁理论只对一个惯性参考系成立呢？还是对所有的惯性参考系都成立？

当时物理学界流行一种以太学说，认为以太充满空间，并静止于绝对空间，麦克斯韦方程只在以太参考系中成立，于是，寻找以太就成为物理学家热衷研究的问题。1879年3月19日，麦克斯韦在给美国航海历书局的托德的信中提出了寻找以太的建议。

这封信被迈克尔孙读到了，当时他正在美国航海历书局进行光速测定工作。麦克斯韦的信件启发他设计出一种新的干涉系统，用两束相干的彼此垂直的光比较光速的差异，从而对以太漂移速度进行检测。后来迈克尔孙到欧洲学习，1880年，他在柏林大学的赫姆霍兹实验室，利用德国实验室的优越条件完成了他的实验。

迈克尔孙-莫雷实验的原理如图4-1所示。光源S发出的光，经半透射的45°镀银面P，分成互相垂直的两束光：光束1和光束2。光束1经反射镜M_1反射，返回P后再反射到屏幕Q；光束2经反射镜M_2反射后也返回P，再穿过P到达Q。两束光在屏幕Q发生干涉。

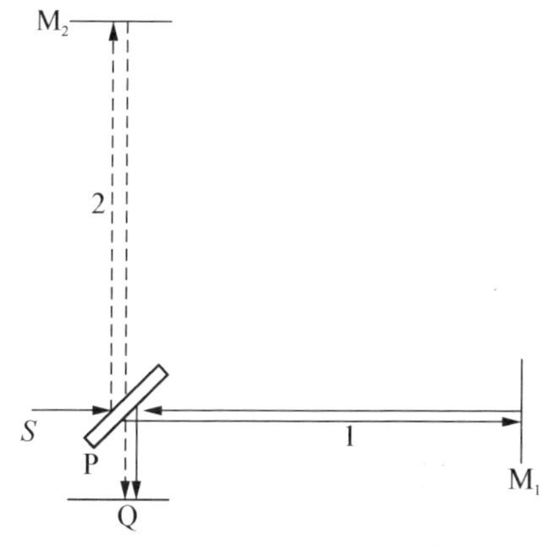

图4-1　迈克尔孙-莫雷实验原理

为了便于理解迈克尔孙实验的思想，下面我们做一个简单的类比：

假设有一个宽度为l的平直河道，河道中有两个小船，河水的流速为v，小船相对于水的速率为u。第一条小船平行于河岸向下游驶过距离l，然后返回出发点；第二条小船横渡到正对岸，然后返回出发点。由于水流对两船的影响不同，它们往返同样的距离所需的时间是不同的，现在，让我们计算一下每条船往返一次所需的时间。

首先考虑第一条船，第一条船当它顺流而下时，它相对河岸的速率为$u+v$，因而它向下游航行距离l所需的时间为$\frac{l}{u+v}$。然而在它返回时，由于是逆流而上，小船相对河岸的速率为 $u-v$，因此，它回到上游出发点所需的时间为 $\frac{l}{u-v}$。由此得出，往返一次的时间等于这两段时间之和，即

$$t_1=\frac{l}{u-v}+\frac{l}{u+v} \tag{4-8}$$

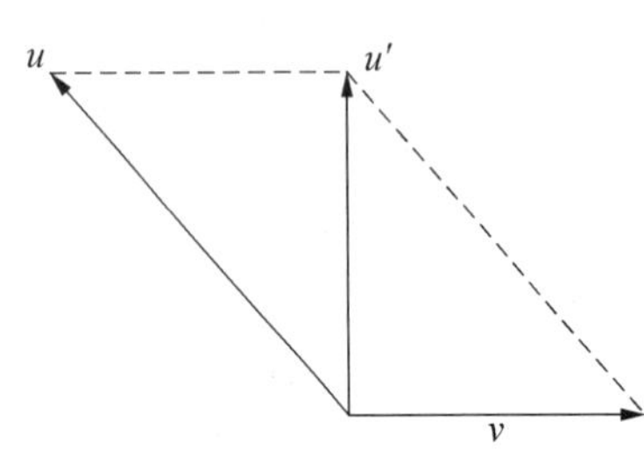

图 4 - 2　小船驶向河对岸的速度

现在考虑第二条船，这里需要注意，由于水往下游流，小船的航行方向就不能垂直于河岸，那样的话小船将被河水冲到下游，不可能恰好到达对岸。为了使小船能够到达正对岸，小船的航行方向必须向上游倾斜一个角度，如图 4 - 2 所示。所以小船垂直于河岸方向的速度为 $u'=\sqrt{u^2-v^2}$，显然，小船返回时的速度也是 u'，于是，小船往返一次所需的时间为

$$t_2=\frac{2l}{\sqrt{u^2-v^2}} \tag{4-9}$$

迈克尔孙实验类似于前面这一问题，固定在实验室中的测量装置相当于河道，漂移的以太风类似于河流，光波仿佛是小船。因此，利用式(4 - 8)和式(4 - 9)，便可得到迈克尔孙实验中的公式。

例如，把式(4 - 8)中小船的速度改成光速，可以得到光束 1 从 P 经 M_1 回到 P 所需的时间为

$$t_1=\frac{l}{c-v}+\frac{l}{c+v}=\frac{2l}{c}\left(\frac{1}{1-v^2/c^2}\right) \tag{4-10}$$

把式(4 - 9)中小船的速度改成光速，又可以得到光束 2 从 P 经 M_2 回到 P 所需的时间为

$$t_2=\frac{2l}{\sqrt{c^2-v^2}} \tag{4-11}$$

由上面两式最终可以求得干涉条纹的移动：

$$\delta=\frac{2v^2/c^2}{\lambda/l}$$

1881年，迈克尔孙根据已知数据，估算出δ。然而，出乎迈克尔孙的预料，实验中他看到的条纹移动远比预期值小，而且，所得结果与地球运动没有固定的位相关系。1887年，迈克尔孙与莫雷合作，改进了实验装置，臂长l延长到11m，但结果仍然是干涉条纹没有位移。这个实验以后又重复多次，都得出同样的结果。

为了解释迈克尔孙-莫雷实验，爱尔兰物理学家菲兹杰拉于1889年第一个提出收缩假说，洛伦兹也于1892提出了相同的建议。按照菲兹杰拉和洛伦兹的观点，物体运动时在运动的方向上，物体的长度会收缩，收缩因子是$\sqrt{1-v^2/c^2}$。

这就是所谓的“运动物体的长度缩短”，利用这一观点便可以解释迈克尔孙-莫雷实验了。

前面介绍迈克尔孙-莫雷实验时，得出两个公式，即式(4－10)和式(4－11)，根据菲兹杰拉和洛伦兹的观点，物体的长度在运动方向上发生收缩，而在垂直于运动方向上长度不变。根据这一观点，式(4－10)需要再乘以收缩因子$\sqrt{1-v^2/c^2}$，而式(4－11)不变。将二式相减，最后得到

$$\Delta t=\frac{2l}{c}\left(\frac{1}{1-v^2/c^2}\right)\sqrt{1-v^2/c^2}-\frac{2l}{\sqrt{c^2-v^2}}=\frac{2l}{\sqrt{c^2-v^2}}-\frac{2l}{\sqrt{c^2-v^2}}=0$$

这里特别需要注意，洛伦兹提出的“运动物体长度缩短”这一观点是建立在牛顿绝对时空观的基础上。在洛伦兹的理论中时空仍然是牛顿的绝对时空，时间间隔和空间间隔都是不可改变的，从式(4－10)可以看到，式中使用的是牛顿力学的速度相加公式。由此可见，“运动物体长度缩短”是洛伦兹基于牛顿时空观提出的一个观点，它仍属于牛顿力学的范畴。

我们知道，“运动物体长度缩短”是洛伦兹以牛顿绝对时空为基础得出的一个结果，而牛顿时空与相对论的时空存在本质的不同，因此，我们不禁会问：基于牛顿时空得出的“运动物体长度缩短”这个结果，在狭义相对论中能够成立吗?

在迈克尔孙实验中，所用的公式都是牛顿力学的公式，例如，式(4－10)中的$c-v$和$c+v$，就是根据牛顿力学的速度相加公式得出的。如果我们把时空

由牛顿时空改成狭义相对论的时空，在狭义相对论中，两个小于光速的速度相加，相加之后的速度仍然小于光速。如果其中的一个速度等于光速，相加后的速度仍然是光速。因此，式(4－10) 中的 $c-v$ 和 $c+v$ 相应的变成 c，于是，光束1从P经 M_1 回到P的过程所需时间变为

$$t_1=\frac{l}{c}+\frac{l}{c}=\frac{2l}{c} \tag{4-12}$$

而光束2从P经 M_2 回到P所需时间 t_2，根据光速不变原理计算：

$$t_2=\frac{2l}{c} \tag{4-13}$$

于是

$$\Delta t=t_1-t_2=0 \tag{4-14}$$

于是，干涉条纹的移动值 δ 也等于0。这样利用狭义相对论的公式也得到了与迈克尔孙-莫雷实验相一致的结果。

通过以上对比不难发现，洛伦兹理论与爱因斯坦狭义相对论的区别在于：

在洛伦兹的理论中，时间和空间都是绝对的，不可改变的，若想解释迈克尔孙-莫雷实验，式(4－10)中的 l 需要改变，即物体的长度必须缩短。

而狭义相对论恰好相反，在相对论里时间间隔和空间间隔是可以变化的，而物体的长度，即式(4－10)中的 l 不需要改变，改变的是速度相加公式，将式(4－10)中的牛顿力学的速度相加公式，换成相对论的速度相加公式，同样可以得到与迈克尔孙-莫雷实验相一致的结果。从上面的推导还可以看出，如果在相对论中认为物体的长度缩短了，即再把式(4－11)中的 l 也改变了，那么就不能解释迈克尔孙-莫雷实验了。

换句话说，在洛伦兹的理论中物体的长度缩短了，而在相对论中，物体的长度没有改变，改变的是时间间隔和空间间隔，因此，如果把洛伦兹收缩照搬到相对论，必然导致错误的结果。

4.4 洛伦兹的观点被爱因斯坦照搬到狭义相对论

既然“运动物体长度缩短”属于牛顿力学的观点，那么，这一观点怎么会出现在狭义相对论里呢？要回答这个问题，我们需要了解爱因斯坦以及他创立狭义相对论的有关情况。

虽然，狭义相对论建立于 1905 年，但是，狭义相对论的时空观却是在 1908 年才建立起来。在此之前，包括爱因斯坦在内，人们都没有意识到狭义相对论中包含一种新的时空观。第一个意识到相对论包含一种新的时空观的是闵可夫斯基，1908 年，闵可夫斯基在《空间和时间》的演讲中，首先提出一种新的时空，即闵可夫斯基时空。闵可夫斯基的工作对促进人们认识狭义相对论的意义和推动狭义相对论的传播，起到了重要的作用。但是，爱因斯坦起初对闵可夫斯基的演讲反应并不热情，甚至说过“自从数学家涉足相对论之后，我就再也不理解它了。”

由此可见，虽然狭义相对论诞生于 1905 年，但狭义相对论的时空观却是在 1908 年才提出来，而爱因斯坦完全接受这一时空观的时间还要晚些。因此可以说，在 1905 年的时候，相对论的时空观在爱因斯坦的头脑中尚未形成，爱因斯坦也没有完全认清自己的理论与洛伦兹理论之间的差别。

正是由于这个原因，在《论动体的电动力学》一文的第 3 节，爱因斯坦推导出洛伦兹变换后，在第 4 节，他便把洛伦兹关于运动物体长度缩短的观点搬到相对论，并对这个观点作进一步的发挥，讨论一个运动的球体，爱因斯坦是这样论述的：

“我们观察一个半径为 R 的刚性球，它相对于动系 S' 是静止的，这个球以速度 u 相对于 S 运动着，在 $t=0$ 时，这个球面的方程为

$$\frac{x^2}{1-\frac{u^2}{c^2}}+y^2+z^2=R^2$$

一个在静止状态是球形的刚体，在运动状态——从静系看来——则具有旋转椭球的形状了。球的 y 方向和 z 方向的长度不因运动而改变，而 x 方向的长

度则好像以 $1:\sqrt{1-\frac{u^2}{c^2}}$ 的比率缩短了，u 越大就缩短得越厉害。对于 $u=c$，从静系看来，球体都缩成扁平的了。”

“运动物体的长度缩短”就这样被爱因斯坦引入到狭义相对论中，成为狭义相对论的一个结果。

我们知道，“运动物体长度缩短”是洛伦兹以牛顿绝对时空为基础得出的一个结果，而牛顿时空与相对论的时空存在本质的不同，爱因斯坦在相对论的时空观尚未形成之前，把洛伦兹的结果照搬到相对论是一个失误。

4.5 在“运动物体长度缩短”数学推导中存在的问题

“运动物体长度缩短”是狭义相对论的一个重要结果，这个结果已经写进了大学物理的教科书，下面我们分析在狭义相对论的书中存在的问题。目前，在狭义相对论的书中，推导“运动物体长度缩短”的方法是利用洛伦兹变换公式。

设 S 和 S' 为两惯性参考系。设有一个刚棒固定在参考系 S' 中，且刚棒与 x' 轴平行，在 S 中测得刚棒的长度为 $\Delta x=x_2-x_1$。而在参考系 S' 中测得的刚棒长度是 $\Delta x'=x_2'-x_1'$，利用洛伦兹变换式：

$$x'=\frac{x-ut}{\sqrt{1-\frac{u^2}{c^2}}} \tag{4-15}$$

可以得到

$$x_1'=\frac{x_1-ut_1}{\sqrt{1-\frac{u^2}{c^2}}}$$

$$x_2'=\frac{x_2-ut_2}{\sqrt{1-\frac{u^2}{c^2}}}$$

注意测量刚棒的长度是瞬间完成的，因此有 $t_1 = t_2$，将上面两式相减，便可得到

$$\Delta x' = \frac{\Delta x}{\sqrt{1-\frac{u^2}{c^2}}} \tag{4-16}$$

在狭义相对论中，对上面这个公式的解释是：在推导式(4-16)时，刚棒被放在与 x' 轴平行的位置上，因此，式(4-16)中的 $\Delta x'$ 为刚棒静止时的长度 L'，即 $\Delta x' = L'$；而 Δx 为参考系 S 中的观察者观测到的运动的刚棒的长度 L，于是由 $\Delta x = L$ 和 $\Delta x' = L'$ 得出

$$L' = \frac{L}{\sqrt{1-\frac{u^2}{c^2}}} \tag{4-17}$$

根据式(4-17)，狭义相对论认为运动物体的长度缩短了。

下面我们分析上述数学推导，并指出其中存在的问题：

这里特别提醒大家注意，式(4-16)中的速度 u 是一个变量，这个公式在任意速度下都应该成立。假如在速度 $u = 10\,000\,\text{km/s}$ 时，刚棒的两个端点的坐标分别是 x'_1 和 x'_2；虽然此时 $\Delta x' = L'$ 成立，然而当速度改变了，例如 $u = 20\,000\,\text{km/s}$ 时，由于坐标间隔发生了改变，刚棒的两个端点的坐标就不再是 x'_1 和 x'_2 了，即 $\Delta x' \neq L'$。所以，我们不可以用式(4-16)推导出式(4-17)。

换句话说，狭义相对论在推导“运动物体长度缩短”这个结果时，存在如下错误：

当把一个刚棒放到坐标轴上，得出 $\Delta x' = L'$ 时，实际上已经隐含地使用了一个假设，假设速度已经被固定了，即速度 u 是一个常量，在这一条件下，利用 $\Delta x = L$ 和 $\Delta x' = L'$，由式(4-16)推导出式(4-17)，又把式中的速度 u 看作变量，得出“运动物体长度缩短”。这样的推导显然是错误的。因为，$\Delta x = L$ 和 $\Delta x' = L'$ 这两个公式，只在速度 u 是常量的情况下才成立，当速度改变时，这两个公式就不成立了。这就是狭义相对论在推导“运动物体长度缩短”时所存在的错误。

总之，洛伦兹变换只是一个坐标变换公式，利用这个公式推导出坐标间隔

Δx 与 $\Delta x'$之间的变换关系是没有问题的。但是,通过把一个刚棒放到坐标轴上,就把坐标间距之间的变换关系,偷偷转换成刚棒长度 L 和 L'之间的关系式,这一做法是错误的,因此,式(4-17)不能成立。

那么,如何才能推导出 L 和 L'之间的关系式呢? 由式(4-6),在光速不变、时间公式和长度公式三者之中,知道其中的两个,便可确定另外一个,也就是说,从"光速不变"和"时间延迟",可以推导出物体长度之间的关系式,下面我们就根据这一思想寻找 L 和 L'之间的关系。

4.6 一个重要结果:运动不能改变物体的长度

前面,通过一个思想实验揭示了时间延迟和运动物体长度缩短之间的矛盾,在这个思想实验中作者设计了一个装置,下面,我们利用这个装置确定 L 和 L'之间的关系。

首先,静止参考系 S 中的观测者在 t_1 时刻观测到发射器发射了一个光子,光子被镜子反射后,在 t_2 时刻观察者看到接收器接受到光子,假设 $\tau=t_2-t_1$,光速为 c,于是观测者得出刚棒的长度 L 为

$$L=\frac{c\tau}{2} \tag{4-18}$$

下面再把上述装置放到运动的飞船中,设飞船参考系为 S'。参考系 S'中的观测者在 t_1'时刻观测到发射器发射了一个光子,然后在 t_2'时刻看到接收器接收到光子。假设 $\tau'=t_2'-t_1'$,于是,S' 中的观测者得出刚棒的长度 L' 为

$$L'=\frac{c\tau'}{2} \tag{4-19}$$

根据狭义相对论的时间延迟效应,在 S'中时间延迟了,因此有

$$\tau'=\gamma\tau=\frac{\tau}{\sqrt{1-\frac{u^2}{c^2}}} \tag{4-20}$$

由式(4-18)~式(4-20),便可得出

$$L' = \gamma L \tag{4-21}$$

显然，这个结果与光速不变原理相吻合，即 L 和 L' 满足：

$$c = \frac{2L}{\tau} = \frac{2L'}{\tau'}$$

式(4 - 21)就是静止物体与运动物体之间的长度关系式，下面我们分析这个公式的物理含义。根据前面的讨论，在运动参考系 S' 中坐标间距缩短了，把 $\Delta x = 1$ 代入式(4 - 16)，得到

$$\Delta x' = \frac{1}{\sqrt{1 - \frac{u^2}{c^2}}} = \gamma$$

这个公式的含义是在 S 坐标轴上的一个单位长度，在参考系 S' 中，表示的长度为 γ。由此得出，在参考系 S 中长度为 L 的刚棒，在 S' 中测得的长度应该为 γL，从表面上看，S' 中测得的长度大于参考系 S 的观测者给出的数值，但考虑到在 S' 中坐标间隔被压缩了，因此，刚棒的实际长度并没有改变。

为了更清楚地说明这个问题，假设有一个刚棒，在 S 中进行测量，一个坐标格代表 1m，测得这个刚棒的长度为 3m。下面再讨论运动时的情况，为了方便起见，我们假设运动速度 $u = \frac{\sqrt{3}}{2}c$，不难验证，此时对应的 $\gamma = 2$。也就是说，在运动的参考系 S'，坐标间隔被压缩了一半，在 S 中一个格代表 1m，现在，一个格代表 2m，于是，参考系 S' 中的观测者得出刚棒的长度为 6m。虽然 S' 中的观测者给出的刚棒长度的数值大了一倍，但是，刚棒的实际长度并没有变化，改变的只是 S' 中的坐标间距。

总之，洛伦兹变换只是坐标变换，用洛伦兹变换得到的只是坐标间距之间的变换关系，在狭义相对论中，人们在坐标轴上放了一个刚棒，于是，把由洛伦兹变换引起的坐标间距的变短，错误地理解为刚棒长度的缩短，这是狭义相对论的一个错误。运动不能改变物体的长度。

第5章 与"运动物体长度缩短"有关的悖论及其解决方法

5.1 与"运动物体长度缩短"有关的悖论

狭义相对论建立后，人们很快发现由狭义相对论可以导出一些悖论，其中一些悖论与"洛伦兹收缩"有关，前面我们曾提到火车悖论，除此之外，还有埃伦菲斯特悖论(P. Ehrenfest)、潜水艇悖论等。

1) 埃伦菲斯特悖论

埃伦菲斯特悖论起源于玻恩的一篇文章，1909年，玻恩在其论文中提出了关于一个刚体的洛伦兹不变性定义，由此发起了一场在以后几年中进行的关于刚体运动的相对性运动学和动力学的激烈讨论。玻恩的论文引起了埃伦菲斯特的注意，同年，埃伦菲斯特发表了一篇文章，文中给出了一种与玻恩不同的、但却等价的刚体定义，而且还发现了这两个定义都导致一个悖论，这就是埃伦菲斯特悖论[44, 45]。

埃伦菲斯特悖论的大意是：假设有一个刚体圆盘，静止时圆盘的半径为R，圆盘的周长为$2\pi R$；现在圆盘以匀速转动，根据相对论沿圆周方向上长度缩短了，因此，当圆盘转动时，圆盘的周长要小于$2\pi R$；但另一方面，沿半径方向，因为与运动方向垂直，所以圆盘的半径没有改变，由此又可以得出圆盘的周长应该没有改变，即仍然是$2\pi R$。那么，当圆盘转动时，其周长究竟是小于$2\pi R$、

还是等于 $2\pi R$ 呢？这就是埃伦菲斯特悖论。

“有证据表明爱因斯坦和玻恩在1909年9月间的德国自然科学研究者和医生协会的会议上分别承认了埃伦菲斯特佯谬。事实上，关于相对论中的刚体定义这一课题，爱因斯坦从来没有发表文章。但是，自从他和玻恩讨论了以后，刚体转动的相对论分析就在爱因斯坦的思想中作为一个未解决的问题而突现出来了”[46]。

2）潜水艇悖论

潜水艇悖论也是狭义相对论中的一个著名悖论，其大意为：有一个完全泡在海水中的潜水艇，在海水静止时，潜水艇不升不降正好保持平衡。现在假设它在与海面平行的方向上以接近光速行进，根据狭义相对论，在相对海面静止的船上的观察者看来，潜水艇会收缩，密度会变大，最终将下沉；但在潜水艇上的船员看，海水在运动，海水会收缩，密度在变大，因而海水的浮力也随之变大，潜水艇将漂浮上来。上述两种观点，哪一个正确呢？这就是潜水艇悖论。

5.2 两个推论

前面我们得出，运动物体长度缩短是洛伦兹基于牛顿时空观得出的一个错误结果，这个结果在相对论中并不成立。在狭义相对论中，正确的结果是“运动不能改变物体的长度”，根据这个结果，我们可以得出两个推论。

推论1 两个物体的长度之比是一个具有客观性质的物理量，其数值不会随运动而发生改变。

利用推论1，狭义相对论中一些与“运动物体长度缩短”有关的悖论可以得到解决，下面，我们以火车悖论为例进行讨论。

许多学过相对论的人都可能有这样的经历，狭义相对论给出的有些结果实在让人难以相信，以火车悖论为例，地面上的人得出火车比隧道短，而火车上的人给出的结果则是火车比隧道长。

在狭义相对论的书中，有人用“人择原理”解释这一问题：地面观测者得出隧道比火车长，而火车上的观测者得出隧道比火车短。上面两个结果是两个不同的人，从不同的角度合乎逻辑的“人择”出来的，根据“人择原理”，物理规律是人择的，所以，上面两个结果都是正确的。

显然，这种解释没有说服力，我们知道，物理学研究的是客观的物理世界，因此，物理学给出的结果应该具有“客观性”，火车和隧道究竟哪一个长，对于这个问题，应该有“客观的、确定的”解答，但在狭义相对论中，这个问题却变得不确定了，火车上的观测者和地面观测者，给出了两个完全相反的答案。

现在，我们得出“运动不能改变物体的长度”，上述矛盾就可以消除了。

在静止时，火车和隧道的长度相等，假设它们的长度都是100m，即它们的长度之比为1∶1，这个数值是一个客观的物理量，它不会因为运动而发生改变。

对于地面观测者来说，“运动不能改变物体的长度”，这表明，虽然火车在运动，但运动没有改变火车的长度，所以，地面观察者得出，火车和隧道的长度仍然是100m，即两者长度之比是1∶1。

对于火车上的观察者来说，运动只是改变了火车坐标系的坐标间隔，虽然，火车上的观察者测得的长度比地面观察者的数值大一些，但火车长度和隧道长度都按同一比例放大，因此两者之间的比例关系没有改变，仍然是1∶1。

总之，两个物体的长度之比是一个具有客观性质的物理量，其数值不会随运动而发生改变。因此，无论是地面观察者还是火车司机，他们得出的结果都是火车和隧道一样长，所以，所谓的火车悖论也就不存在了。

推论2 一个物体的形状，即物体的长、宽、高三者之间的比例关系，也是一个具有客观性质的物理量，不会因为运动而发生改变。

狭义相对论中还有一个问题让作者困惑了许多年，这就是足球问题，这个问题最初是由爱因斯坦提出来的，在《论动体的电动力学》的第4节中，爱因斯坦提出了运动的球体从静系看来都缩成扁平的了。爱因斯坦的这个论述后来演化成足球问题，这个问题的大意是：

一个足球静止时人们看到它是球形，但是，当足球高速运动时，根据狭义相对论，运动物体在沿着运动的方向上会有洛伦兹收缩，但在垂直的方向上不会有收缩，按照这样的理解于是得出，如果足球的速度接近光速，人们看到的足球不再是球形，而将变成一个扁球了。

对于足球问题，这里我们给出一个新的解释：由于物体的长度是不随运动变化的,洛伦兹变换改变的只是 x' 方向的坐标间距。因此,足球在 x' 方向的长度以及足球的长、宽、高三者之间的比例关系都不会改变。一个足球在静止时,长、宽、高三者之间的比例关系是 1∶1∶1,当足球高速运动时,三者之间的比例关系仍然是 1∶1∶1,因此,足球的形状没有改变。换句话说,运动的足球看上去变成一个椭球的说法也是错误的。

利用推论 2,不仅可以解决足球悖论,同样还可以解决埃伦菲斯特悖论。一个圆盘静止时的周长是 $2\pi R$;当圆盘转动时,由于运动不能改变物体长度,所以圆盘的周长没有变,仍然是 $2\pi R$,这说明圆盘的形状、圆盘的周长和半径之间的关系都没有改变,因此,埃伦菲斯特悖论也得到了解决。

5.3 "运动物体长度缩短"这个错误产生的历史原因

"运动物体长度缩短"这个错误的产生实际上是有历史原因的。如果我们对相对论的历史进行研究便不难发现,历史上曾出现过两个相对论:一个是洛伦兹的相对论,另一个是爱因斯坦的相对论。爱因斯坦相对论与洛伦兹理论有许多共同之处,它们有一些相同的公式,例如坐标变换公式以及质量随速度变化的关系式等。爱因斯坦相对论与洛伦兹理论的区别在于时空观的不同。洛伦兹理论建立在牛顿绝对时空的基础上,而在爱因斯坦狭义相对论中则包含一种新的时空——闵可夫斯基时空,因此,今天人们常说,爱因斯坦狭义相对论的建立是物理学中一场关于时空观的革命。

然而,如果我们仔细研究相对论的历史,便会发现,虽然爱因斯坦建立了狭义相对论,但相对论的时空观并不是爱因斯坦提出的,而是由闵可夫斯基于1908 年提出的。换句话说,在狭义相对论建立时,相对论的时空观,即闵可夫斯基时空的概念尚未形成。因此,狭义相对论不是建立在一种新的时空的基础上,而是仍然建立在旧的时空(即洛伦兹理论)的基础上。

英国物理学家惠特克对相对论的历史进行了研究,1953 年,他出版了《以太和电学理论的历史》一书,有一章专门谈到相对论,其中对庞加莱和洛伦兹的贡献给予了高度评价,这一章的标题是"庞加莱和洛伦兹的相对论"。书中对爱因斯坦《论动体的电动力学》一文是这样评述的:1905 年秋,爱因斯坦发表了一篇论文，把庞加莱和洛伦兹的相对论加以推广，这篇论文引起了许多人的注意[47]。

显然，惠特克认为，爱因斯坦《论动体的电动力学》一文是在洛伦兹和庞加莱工作的基础上，通过改进而得出的。今天，有些人认为惠特克的上述说法是对爱因斯坦的贬低。如果我们对相对论早期的原始论文进行研究，便会发现惠特克的说法符合历史事实，而且这一说法也与爱因斯坦的论述相吻合。

1907年，爱因斯坦发表了《关于相对性原理和由此得出的结论》一文，这是一篇综述性文章，在这篇文章中爱因斯坦对狭义相对论的工作进行了总结，文中写道："下面对迄今为止通过把洛伦兹的理论和相对性原理相结合而开展的工作作一总结。"[48]

由此可见，爱因斯坦采用了把洛伦兹理论和相对性原理相结合的方法，通过对洛伦兹理论的改进而建立了狭义相对论。如果我们把狭义相对论和洛伦兹的理论作一对比，便不难看出，爱因斯坦主要改进了时间的概念。在《关于相对性原理和由此得出的结论》一文中爱因斯坦写道：

"大家都知道，理论同实验之间的那种矛盾，通过洛伦兹和菲兹杰拉的假设可以在形式上消除，但是，在这方面引进的这种特设假设，看来只是一种拯救理论的人为方法……为了摆脱上述困难，只需要足够准确地表述时间就行了，需要认识的仅仅是人们可以把洛伦兹引进的他称之为'地方时'的这个辅助量直接定义为时间。如果我们坚持上述的时间定义，并把前面的变换方程用符合新的时间概念的变换方程来代替，那么洛伦兹理论的基本方程就符合相对性原理了。"

在洛伦兹理论中有"地方时间"的概念，庞加莱曾经这样解释地方时：它是相对于以太运动的参考系中静止的一系列钟所定义的时间，这些钟是用光信号校对的。爱因斯坦抛弃了"地方时"的概念，同时承认光速在不同的惯性参考系中都是相同的，然后按照庞加莱的方法在各个参考系中对钟进行校准，进而爱因斯坦提出了一种新的时间概念，这是对牛顿绝对时间概念的根本性改变。在此基础上，爱因斯坦又得出同时的相对性以及时间延迟效应等重要结果。

虽然，爱因斯坦在时间观念上进行了一场彻底的革命，但是在空间方面，却没有进行彻底的变革，他仍然保留了一部分洛伦兹的观点。在《论动体的电动力学》一文中，当爱因斯坦重新推导出洛伦兹变换公式后，便把有关“洛伦兹收缩”的观点照搬到了狭义相对论。那么为什么爱因斯坦没有察觉到“洛伦兹收缩”这个错误呢？作者通过研究发现，其主要原因是爱因斯坦建立相对论时，他不了解迈克尔孙-莫雷实验的细节，也没有对这个实验进行深入的研究。

1950—1954年间，香克兰教授曾五次去普林斯顿采访爱因斯坦，每次采访香克兰都做了记录，并于1963年发表了一篇题为《与爱因斯坦的谈话》的报道，他们的谈话主要讨论了迈克尔孙实验，从爱因斯坦的谈话以及香克兰和其他人的文章中，我们可以得出这样的印象[49, 50]：

在《论动体的电动力学》一文发表之前，爱因斯坦只知道迈克尔孙-莫雷实验这件事情，爱因斯坦是通过洛伦兹的文章知道这一实验的，但是，在洛伦兹的文章中主要讨论了迈克尔孙-莫雷实验的结果，并没有介绍实验的细节，因此，爱因斯坦并不知道迈克尔孙-莫雷实验的细节。另外，这一实验对爱因斯坦建立狭义相对论的影响不大，对他影响最大的实验是恒星的光行差现象和菲索的实验。

我们知道，洛伦兹是为了解释迈克尔孙-莫雷实验，才提出了“洛伦兹收缩”的。由于爱因斯坦当时不知道迈克尔孙-莫雷实验的细节，他也就不可能对这个实验进行详细的分析，因此，他只能相信洛伦兹的工作，于是，便把“洛伦兹收缩”照搬到狭义相对论。

总之，爱因斯坦是采用把洛伦兹理论与相对性原理相结合的方法建立了狭义相对论，狭义相对论在时间概念方面，进行了一场彻底的革命，给出了一个新的时间定义，取代了牛顿的绝对时间。但在空间概念方面，爱因斯坦没有进行彻底的变革，由于他不了解迈克尔孙-莫雷实验的细节，因此，仍然保留了洛伦兹理论中的某些结果。于是，洛伦兹基于牛顿时空观提出的“运动物体长度缩短”的观点被保留在狭义相对论中。

这就是“运动物体长度缩短”这一错误产生的历史原因。

第6章 作者与相对论物理学家的一个分歧

马克思主义理论与爱因斯坦相对论之间存在矛盾，围绕这个矛盾展开的争论已经持续100年了，那么究竟是马克思主义有问题，还是爱因斯坦理论有错误？在这个问题上作者与相对论物理学家存在着分歧。

6.1 作者与相对论物理学家的一个分歧

马克思主义理论与爱因斯坦相对论之间存在矛盾，这是大家都知道的一个事实。在"文革"前的相对论教材中，凡是与马克思主义相违背的地方，书中都会作出说明，有些书还对相对论中的唯心主义观点进行了批判。例如张宗燧所著《电动力学和狭义相对论》，其中就有一节专门批评"狭义相对论中的唯心论观点"[23]。

然而，在"文革"后的相对论教材中，这些内容都被去掉了，相对论中那些与马克思主义相矛盾的东西，也被当作真理进行讲授，从这些内容很容易引申出马克思主义"已经过时了，陈旧了"的观点。

1980年代，方励之写了《哲学是物理学的工具》一书，书中就提出了4个观点：

(1) 马克思主义哲学与爱因斯坦相对论是"不相容的"。

(2) 马克思主义哲学的许多论断,“已经过时了,陈旧了”,只能解释 19 世纪三大科学发现之前的科学,无法解释现代科学,即“今天的天文学和物理学”。

(3) 列宁不懂物理学,从物理学的角度看,列宁在《唯物主义和经验批判主义》一书中对物理学的指导都是错误的。

(4) 建国以来所有(马克思主义)哲学对自然科学的批判,都是错误的。

对于方励之的第(1)个观点作者是同意的,列宁的论断确实与爱因斯坦相对论“不相容”,两者之间存在矛盾。但是,产生矛盾的原因不是马克思主义哲学有问题,而是爱因斯坦相对论中存在错误。

我们知道,马克思主义哲学是我们今天建设有中国特色社会主义的理论基础。如果像方励之所说,马克思主义哲学“已经过时了,陈旧了”,只能解释 19 世纪三大科学发现之前的自然科学,不能解释 20 世纪的一些重大科学发现;列宁在《唯物主义和经验批判主义》中的论断都是错误的。如果这种言论任其发展下去,不对它进行批驳,那么,其危害是不言而喻的。

目前相对论只在大学讲授,但很快就会成为高中物理学的内容。另外,最近这些年,国内出版了许多相对论的科普读物,方励之的《哲学是物理学的工具》就是一本科普书。随着相对论知识的普及,如果任凭其中的非马克思主义的观点传播,必将造成人们的思想混乱,损害了社会主义的核心价值观。

本书的研究结果是对方励之观点的有力批驳。

6.2　从 6 个方面论证“运动物体长度缩短”是狭义相对论中的一个错误结果

“运动物体长度缩短”这一观点自 1889 年提出以来,至今已有 100 多年的历史了,本书得出这是一个错误的结果,有些出人意料,因此,有必要对这一工作予以说明,下面从 6 个方面对前面的工作进行总结。

(1) 从哲学角度看,“运动物体长度缩短”的观点与马克思主义哲学的“真理观”相矛盾。

马克思主义认为真理是客观的,物理学研究的是客观的物理世界,因此,物理学给出的结果也应该是客观的，不应因人而异。而由"运动物体长度缩短"推导出的结果却与马克思主义的上述观点相矛盾。因此，从哲学的角度看，"运动物体长度缩短"是一个错误结果。

(2) 从物理角度看，"运动物体长度缩短"与狭义相对论的另一结果相矛盾。

在狭义相对论中有两个效应：时间延迟和长度缩短，即在一个运动的飞船里，时间变慢了，物体的长度变短了。在狭义相对论中，这两个效应是分别论述的，没有人把两者联系起来。作者在研究中把这两个效应联系起来进行考察，结果发现，在光速不变的前提下，时间延迟和长度缩短这两种效应实际上是相互矛盾的。由于时间延迟效应已经得到了实验的验证，因此，从物理上看，"运动物体长度缩短"应该是一个错误的结果。

(3) 从数学角度看，"运动物体长度缩短"在其推导过程中存在错误。

狭义相对论在推导"运动物体长度缩短"时存在以下错误：

当把一个刚棒放到坐标轴上，得出 $\Delta x' = L'$ 时，实际上已经隐含地使用了一个假设，即假设速度 u 是一个常量，在这一假设下，利用 $\Delta x = L$ 和 $\Delta x' = L'$，由式(4-16)推导出式(4-17)。得到式(4-17)后，又把在速度 u 是一个常量假设下得出的结果，直接推广到速度 u 是变量的情况，这就是数学推导中的错误。

洛伦兹变换只是坐标变换公式，用洛伦兹变换不能推导出物体长度之间的关系，要想得到物体长度之间的关系，需要利用式(4-6)。换句话说，数学上正确的推导方法应该是从"光速不变"和"时间延迟"出发，推导出物体长度之间的关系式，我们利用这一方法，最终得出的结论是：运动不能改变物体的长度。

(4) 从实验的角度看，"运动物体长度缩短"这一观点与实验结果不符。

"洛伦兹收缩"提出后，人们自然想到用实验的方法进行验证。然而，所有实验都给出"运动物体长度缩短"的否定结果，这些实验实际上恰好证实了本文的结果：物体的长度不会因为运动而发生改变。

实验是检验真理的标准，既然实验已经给出了"运动物体长度缩短"的否定结果，我们就应该接受这一事实，承认"运动物体长度缩短"是狭义相对论的一个错误。

(5) 从狭义相对论的悖论这一角度看,“运动物体长度缩短”也是一个错误结果。

狭义相对论中存在着一些悖论,一直困扰着人们,例如火车悖论、潜水艇悖论以及埃伦菲斯特悖论等,有的悖论爱因斯坦也无法给出合理的解释。本书的研究表明,如果我们放弃“运动物体长度缩短”这一观点,将其改成“运动不能改变物体的长度”,那么,上述这些悖论就全都可以解决,这进一步说明,“运动物体长度缩短”是一个错误的结果,它是狭义相对论中一些悖论产生的根源。

(6) 从历史角度看,“运动物体长度缩短”这一错误的产生是有历史原因的。

虽然爱因斯坦1905年创立了狭义相对论,狭义相对论中包含一种新的时空观,但爱因斯坦并没有意识到这一问题,这种新的时空概念也不是爱因斯坦提出来的,而是在1908年,由闵可夫斯基首先提出来的,而且在最初,爱因斯坦并不认可闵可夫斯基的工作。换句话说,虽然狭义相对论是1905年创立的,但新的时空观是1908年才提出来,而爱因斯坦接受这一观念的时间则更晚。因此,最初狭义相对论不是建立在一种新的时空概念的基础上,而是,爱因斯坦采用把洛伦兹理论与相对性原理相结合的方法建立了狭义相对论,狭义相对论在时间概念方面,进行了一场彻底的革命,给出了一个新的时间定义,取代了牛顿的绝对时间。但在空间概念方面,爱因斯坦没有进行彻底的变革,由于他不了解迈克尔孙-莫雷实验的细节,因此,仍然保留了洛伦兹理论中的某些结果。于是,洛伦兹基于牛顿时空观提出的“运动物体长度缩短”的观点被保留在狭义相对论中,这就是“运动物体长度缩短”这一错误产生的历史原因。

6.3 对方励之错误观点的批驳

以上研究表明,爱因斯坦相对论中确实存在错误,我们不仅指出了这一错误,而且,还分析了这个错误产生的历史原因。另外,我们的研究还表明,列宁书中的一些重要论断，例如马克思主义的认识论、辩证唯物主义的真理观以及绝对真理与相对真理的辩证关系等，都是正确的。

这里特别需要指出的是，我们是根据列宁的论断与狭义相对论之间存在矛盾这一事实，提出运动物体长度缩短是一个错误结果的。这充分说明，马克思主义哲学思想对我们今天从事相对论研究，具有重要的指引作用。由此可见，方励之的第(2)个和第(3)个观点都是错误的。

至于他的第(4)个观点，即全盘否定建国以来用哲学对相对论进行的批评，作者认为这一观点也不能成立。

在20世纪50～70年代，国内发表了许多批评相对论的文章。作者正是通过对这些文章的研究，发现"运动物体长度缩短"是一个错误，因此，不能全盘否定建国以来用马克思主义哲学对相对论进行的批评，方励之所说的"哲学讨厌极了。不得不下决心像哄苍蝇一样，哄走这些哲学，否则就无法有一个安静的研究环境。"这一观点是十分有害的。

总之，回顾建国以来围绕相对论展开的争论，从中可获得两点启发，即我们应该反对下面两种做法：

第一，反对"文革"期间那种把马克思主义哲学教条化的做法：认为马克思、列宁的每一句话都是正确的，都是真理，仅凭马克思、列宁的几条语录，就对爱因斯坦理论进行批判。

第二，我们也要反对神话爱因斯坦的做法：任何批评爱因斯坦和相对论的文章，在物理学界都被禁止。

随着改革开放的深入，把马克思主义教条化的做法越来越少，因此，在目前情况下，我们更应防止第二种做法。

在20世纪，对个人的迷信和崇拜比较流行，在这一历史背景下，爱因斯坦也在一定程度上被神话，在某些历史学家的笔下，把爱因斯坦从历史中割裂开，把相对论说成是爱因斯坦一人独立创建起来的，这种说法不符合历史唯物主义的观点。本书对此提出了不同的意见。作者认为：

狭义相对论不是某一位天才一个人独立建立起来的，相对论的出现不是历史上的一个孤立事件，不应该把爱因斯坦的工作与前人的工作分隔开。爱因斯坦是在洛伦兹理论的基础上，通过把洛伦兹理论与相对性原理相结合而建立了狭义相对论。用爱因斯坦的话说，狭义相对论是麦克斯韦、洛伦兹理论的自然继续。

另外，通过对狭义相对论建立过程的研究，我们不仅找到了“运动物体长度缩短”这一错误，而且，通过对历史的研究，还发现了爱因斯坦相对论存在的一个问题，这就是爱因斯坦建立的相对论不是真正的、准确的相对论，在这个理论中还存在着与牛顿力学有关的错误。这个问题不仅出现在狭义相对论中，在爱因斯坦广义相对论中也存在类似的问题，例如，在《两个宇宙体系的对比》一书中，我们论述了牛顿极限公式是广义相对论的一个错误公式，这个错误带来的后果是，爱因斯坦建立的广义相对论不是真正的相对论引力理论，而是一个半相对论、半牛顿力学的理论[4]。

6.4 第一篇总结

(1) 马克思主义哲学与爱因斯坦相对论之间出现矛盾的原因，不是马克思主义有问题，而是爱因斯坦理论有错误。

从1920年代开始，围绕列宁的著作《唯物主义和经验批判主义》与爱因斯坦相对论之间的争论就一直没有停止过。本篇的研究表明，上述矛盾产生的原因，不是列宁的著作有问题，而是爱因斯坦相对论中有错误，这个错误就是“运动物体长度缩短”。

(2) 马克思主义理论对于我们今天从事相对论研究，具有重要的指引作用。

本篇，作者通过对马克思主义哲学与爱因斯坦相对论之间矛盾的分析，得出“运动物体长度缩短”是狭义相对论中的一个错误，而且最终还证实了这一问题。这一工作充分说明，马克思主义哲学不仅没有过时、没有陈旧，而且，对我们今天从事相对论研究，仍然具有重要的指引作用。

总之，用马克思主义研究相对论，我们一定要把相对论的内在矛盾与外在矛盾结合起来进行分析，即把马克思主义哲学和爱因斯坦相对论之间的矛盾与相对论的内在矛盾结合起来进行研究。

第二篇

孪生子悖论专题选讲

孪生子悖论提出已有100多年了，围绕这个悖论展开的争论从未停止。

1960年代，国际上有过一场关于孪生子问题的争论，这场争论是由伦敦大学的丁格尔教授挑起的。从1962年开始，丁格尔著文对爱因斯坦狭义相对论提出怀疑，丁格尔认为，孪生子悖论揭示了在狭义相对论中存在着逻辑上的矛盾。相对论的支持者麦克瑞对丁格尔的文章进行了反驳，于是，二人在著名的《自然》杂志上展开了一场论战。这场论战持续了几年，始终无法达成共识，后来没有杂志愿意继续发表他们的论文，这场争论也就不了了之。

由这场争论引出一个问题，即孪生子问题是不是一个悖论，或者说在狭义相对论中究竟存在不存在相互矛盾的东西。

作者认为，孪生子悖论之所以长期得不到彻底的解决，其中一个重要的原因是人们对悖论的历史缺少研究，另外，人们也没有从公理化的角度研究这一问题。爱因斯坦相对论是按照公理化的思想方法建立起来的理论，因此，了解公理化方法及其历史渊源，了解历史上的著名悖论以及这些悖论产生的原因和解决的办法，对我们解决孪生子悖论是很有好处的。

自从公元前3世纪欧几里得在《几何原本》中首次使用公理化方法以来，在两千三百多年的时间里，公理化方法的发展大体经历了4个阶段：

第一阶段是实质公理阶段，其代表著作为欧几里得的《几何原本》。

第二阶段是从实质公理向形式公理的过渡阶段，其代表工作是非欧几何学。

第三阶段是形式公理阶段，其代表著作是希尔伯特的《几何基础》。

第四阶段为现代阶段，随着希尔伯特纲领的破灭和哥德尔不完备定理的证明，人们在认识公理化方法优越性的同时，也意识到这一方法的局限性，自此之后，对公理化方法的研究进入一个新的阶段。

本篇首先回顾公理化方法的产生及其发展的历史，重点讨论历史上一些著名的悖论以及与这些悖论密切相关的三次数学危机，通过对历史上著名悖论的讨论，我们从中获得两点启发：

(1) 悖论都是针对某一个确定理论而言的，只有在这个理论范围内讨论悖论才有意义。例如，罗素悖论针对康托朴素集合论，只有在康托朴素集合论的范围内讨论这一问题，它才构成一个悖论。同样的道理，孪生子悖论是针对狭义相对论而言的，因此，孪生子悖论只有在狭义相对论的范围内研究才有意义。如果把孪生子悖论放到广义相对论中去研究，这种研究不仅把问题复杂化了，而且所得结果也没有意义。

(2) 悖论产生的一个重要原因是：当一个公理化理论体系不完备时，即公理体系中缺少某个重要东西(概念或规律)时，就会产生悖论。根据这一思想，孪生子悖论的出现说明狭义相对论中缺少了某个重要的东西，那么，狭义相对论究竟缺少什么呢？这就是本篇最终将要解决的一个问题。

第7章 第一次数学危机、欧几里得《几何原本》与公理化方法

希腊是欧洲的文明古国，它的文化对以后欧洲各国的发展产生了重要的影响。从泰勒斯开始，希腊的科学得到了迅速发展，著名的学者很多。从地域来说，先后有4个活动中心，形成了4个学派：从公元前7世纪至公元前5世纪，在小亚细亚的米利都，由泰勒斯开始形成了一个爱奥尼亚学派；从公元前6世纪至公元前4世纪，在意大利南部的克罗托内，毕达哥拉斯创立了毕达哥拉斯学派；从公元前4世纪至公元前3世纪，在希腊的雅典，由柏拉图开始形成了柏拉图学派；从公元前3世纪至公元前2世纪，在埃及的亚历山大城，形成了亚历山大学派，欧几里得就是这个学派的创始人。

本章我们将从古希腊的一个著名悖论——希帕索斯悖论开始，然后介绍第一次数学危机以及为了解决这一危机，希腊人创造的公理化的方法，最后，我们介绍公理化方法的楷模——欧几里得的《几何原本》。

7.1 希帕索斯悖论与第一次数学危机

按照克莱因《古今数学思想》的观点，现代数学起始于希腊古典时期，大约从公元前7世纪到公元前3世纪。在欧几里得《几何原本》出现之前，已有许多希腊学者做了大量的前驱工作。

图 7－1　泰勒斯

首先应该提到的是希腊第一位伟大的哲学家和数学家泰勒斯(见图 7－1),泰勒斯年轻时是一个商人,曾去过埃及和巴比伦,晚年献身于对知识的探索,大约在公元前 7 世纪左右,泰勒斯创立了希腊的第一个哲学学派——爱奥尼亚学派。

关于泰勒斯有一个故事:一次他在夜晚散步时,由于全神贯注地观察星星,不小心掉进水沟里成了落汤鸡,同行的人笑话他说:“你连脚下的东西都看不到,又怎么能够知道天上发生的事情呢?”

然而,泰勒斯的确取得了许多卓越的成就,他在一生中不仅奠定了希腊数学的基础,他还观察星星,提出了重要的宇宙学说,为天文学做出了重要的贡献,而且创立了希腊哲学,他也是公认的希腊哲学的鼻祖。此外,在经商方面他也取得了很大的成功。泰勒斯曾一度住在埃及进行商务活动,在埃及学到不少数学知识,据说他曾用一根已知长度的杆子,通过同时测量杆影和金字塔影之长,计算出金字塔的高度。

埃及的几何知识最初就是由泰勒斯引入希腊的,他对数学的一大贡献是开始了命题的证明,这标志着人们对客观事物的认识从感性上升到理性,这是数学史上一个不寻常的飞跃。泰勒斯还发现了许多几何学的基本定理,为建立几何演绎体系迈出了可贵的第一步,泰勒斯以及爱奥尼亚学派的其他学者对后来的毕达哥拉斯有很大的影响。

图 7－2　毕达哥拉斯

毕达哥拉斯(见图 7－2)是古希腊的哲学家和数学家,生于希腊东部的萨摩岛,曾师从于泰勒斯,后游历过埃及、波斯、印度等地,学习天文学、几何学、语言学和宗教,逐渐形成了自己的思想体系，他所创立的学派被称为毕达哥拉斯学派。

该学派重视自然和社会中不变因素的研究，把几何、算术、天文学、音乐称为“四艺”，在其中追求宇宙的和谐及其规律。他们提倡用数学解释一切，认为“万物皆数”，并将数学从具体事物中抽象出来建立了自己的理论体系。这一学派还把逻辑学的思想方法与几何学结合起来，对几何问题进行了逻辑推理和证明，促进了几何学的发展。毕达哥拉斯学派研究了三角形的内角和、5 种正多面体、黄金分割法、还发现了比例中项定理。除此之外，他们在数学上还有一个重要发现——毕达哥拉斯定理，也就是勾股定理。

毕达哥拉斯学派有一种习惯，把一切发明都归于学派的领袖，而且秘而不宣，以致后人不知这些发明是何人在何时发明的。他们很重视数学，企图用数来解释一切，宣称数是宇宙万物的本源，他们研究数学的目的并不在于实用，而是为了探索自然的奥秘。他们认为，宇宙的本质是数的和谐。毕达哥拉斯学派有一个信条：宇宙间的一切现象都可以归结为整数或整数之比。

毕达哥拉斯学派把数(即现在所说的有理数)与几何量等同起来，他们认为所有的几何量：长度、面积、体积、长度比、面积比、体积比等均可用整数或整数比来表示。

然而，毕达哥拉斯的一个弟子希帕索斯却发现，正方形的对角线与其一边之比不能用整数之比表达，这就是著名的希帕索斯悖论，又叫 $\sqrt{2}$ 悖论，因为是希帕索斯首先发现的[51]。

据说，希帕索斯得出这一结果时正在船上，毕达哥拉斯学派的人就因为这一发现，将希帕索斯投入海里，因为，他的发现否定了毕达哥拉斯学派的信条：宇宙间的一切现象都可以归结为整数或整数之比。还有一种说法是，毕达哥拉斯本人已经知道不可公度比的存在，但他要封锁这一消息，而希帕索斯因泄密而被处死。

用现在的数学知识解释希帕索斯悖论，实际上希帕索斯发现了 $\sqrt{2}$ 不是一个有理数，希帕索斯是用归谬法证明这一问题的，与现在中学代数中的证明相类似，这里不妨作一简要的介绍。

假设 $\sqrt{2}$ 是一个有理数，那么，它可以表示为

$$\sqrt{2}=\frac{p}{q} \tag{7-1}$$

式中，p 和 q 都是整数且没有公约数。对式(7-1)两边平方，然后同乘以 q^2，得

$$2q^2=p^2 \tag{7-2}$$

上式左边是一个偶数，因此右边 p^2 也是一个偶数。由于奇数的平方仍然是一个奇数，于是得出 p 一定是一个偶数。令 $p=2p_1$，将它代入式(7-2)得

$$q^2=2p_1^2 \tag{7-3}$$

同理可得 q 也是偶数，即 p 和 q 有公约数 2，这与前面"p 和 q 都是整数且没有公约数"相矛盾，由此证明 $\sqrt{2}$ 不是一个有理数。

希帕索斯发现 $\sqrt{2}$ 是一个不可公度的量，用现代的眼光看，他发现了第一个无理数，这个发现应该是对数学的一大贡献。然而在当时，由于这个发现推翻了毕达哥拉斯学派的信条，也动摇了建立在任意两条线段都可公度的信念基础上的许多数学成果。面对这个不可公度量，古希腊人陷入了困惑，而且一时还找不到解决的办法，从而导致西方数学史上一场大的风波，这就是人们所说的第一次数学危机。

后来这场危机被古希腊数学家欧多克索斯所解决，欧多克索斯建立了比例论，从形式上解决了希帕索斯悖论。欧多克索斯的基本思路是，把数和量这两个概念严格区分开，在数的领域只承认整数及其比值，用现在的话说就是只承认有理数；而在几何中，允许任意两个线段进行比较，不管它们是否可公度。经过这样的处理后，所有的几何量都可以比较大小，为处理无理量提供了逻辑依据，也消除了由希帕索斯悖论引起的第一次数学危机，从而也拯救了希腊数学。

欧多克索斯的著作现在已经失传，他的比例论被保留在欧几里得《几何原本》的第 5 卷中。欧多克索斯的比例论虽然消除了第一次数学危机，但代价却是高昂的，从此之后，数和量这两个概念在数学中被分离开了。在几何中无理量取得了合法的地位，但在代数中，无理数仍然是非法的、得不到承认。直到笛卡儿

解析几何建立后，数和量这两个概念才重新统一起来，随着微积分理论的建立以及数学分析的严谨化，直到19世纪的下半叶，戴德金实数理论的建立，无理数在数学中的合法地位得到承认，第一次数学危机才真正、彻底地消除。

7.2 第一次数学危机的影响

经过第一次数学危机，古希腊人意识到，直觉不是绝对可靠的，推理论证才是可靠的，于是，证明的思想在希腊人心中扎下了根，进而，古希腊人发展了逻辑理论，并产生了公理化的思想。

在发展这些科学思想的过程中，柏拉图（见图7-3）起到了重要的作用。古希腊著名哲学家柏拉图于公元前387年在雅典成立学园，它在好多方面像现代的大学。在柏拉图的学园里，数学这门学科占有重要地位。柏拉图学派把数学当作进入哲学的阶梯，他们非常重视演绎证明。柏拉图学派研究了棱柱、棱锥、圆柱和圆锥；他们还知道正多面体最多只有5种。他们的最重要的发现是圆锥曲线，此外，他们还对不可公度量进行了研究。

图7-3 柏拉图

图7-4 亚里士多德

古希腊数学家欧多克索斯（Eudoxus，公元前403年左右—前355年），曾加入过柏拉图学派，他在数学上的一大贡献是关于比例的新理论，他首先应用了穷竭法，这是确定曲边形面积和曲面体体积的有力方法，穷竭法也是近代微积分思想的渊源。

希腊人积累的几何知识同逻辑思想结合起来，为公理化方法的产生奠定了基础。柏拉图的学生亚里士多德（见图7-4）概括、总结了古希腊数学与逻辑学的丰富资料，在其著作《分析篇》中第一次对公理化方法进行了论述。

用现代的观点看，《分析篇》是关于演绎证明的理论。《前分析篇》的核心是论述如何进行演绎证明的问题。亚里士多德系统地研究了三段论，研究了通过这种推理形式从前提推出结论的逻辑规则。《后分析篇》主要是研究按照演绎证明建立起来的学科本身的逻辑结构与逻辑要求的问题。

按照亚里士多德的观点，演绎证明的科学是关于某一确定领域的全部真命题，这些命题可以分成两类：

一类是基本命题，即公理和公设。公理是一切科学所公有的真理，亚里士多德还把一些逻辑原理，例如排中律等，也列为公理；而公设只是某一门学科所接受的第一性的原理。

另一类是从公理和公设推出的命题，即定理。亚里士多德提出，由公理证明定理时，必须遵守逻辑规律和逻辑规则。

亚里士多德还对逻辑推理进行了研究，得出三段论法，并把它表达成一个公理系统，这是最早的公理系统。他关于逻辑的研究不仅使逻辑成为一个独立学科，而且对数学证明的发展也产生了重要影响。虽然，亚里士多德提出了公理化方法，但是，他并没有把这一方法系统地应用于数学。在数学发展史上，第一个系统地应用公理化方法的是欧几里得的《几何原本》。

图 7－5　欧几里得

据后来的学者普罗科罗（Proclus，公元 5 世纪）考证，第一个编写《几何原本》的是公元前 5 世纪的希波克拉底，此本现已失传，希波克拉底对一些几何定理作出证明，为几何学的逻辑结构打下了初步的基础。

公元前 300 年，统治埃及的托勒密王开始从事文化建设，在亚历山大城建立书院和图书馆，从各方招来学者，使亚历山大城代替了雅典成为希腊文化中心。欧几里得（见图 7－5）就是被托勒密王邀请到亚历山大书院主持数学教育的。欧几里得是希腊亚历山大学派的创始人，他大约生活在公元前330—前275年，晚于亚里士多德而早于阿基米德，关于他的生平，现在知道得很少。由于他知识渊博，又善于培养人才，很快就使亚历山大城成为远近闻名的数学研究中心。欧几里得的影响十分深远，实际上后来所有的希腊数学家都或多或少地与亚历山大书院有过某种关系。

欧几里得的著作涉及的内容十分广泛，包括光学、力学、天文学，甚至还有音乐，因此欧几里得不仅是一个数学家，而且还是一位博学家，可惜他的著作流传下来的不多，其中流传最广泛的、影响最大的就是经过两千多年的历史考验的《几何原本》。

欧几里得按照逻辑系统把几何命题进行归纳整理，完成了数学史上一部划时代的巨著——《几何原本》。这部著作的历史意义在于它用公理化方法建立了一个完整的几何学的理论体系。

7.3 欧几里得的《几何原本》

《几何原本》全书共13卷，其中第5、第7～第10卷讲述比例和算术理论，其余各卷都讲述几何学。《几何原本》的结构是由定义、公设、公理和定理组成的演绎推理系统。

在《几何原本》的第1卷，首先给出了23个定义，例如："点没有大小"、"线只有长度没有宽度"、"面只有长度和宽度"，除了点、线、面的定义外，还给出了平面、直角、锐角、钝角、平行线等定义。

定义之后接着列出了5个公设和5个公理。欧几里得采用了亚里士多德对公设和公理的区分，即公设是关于几何的基本规定，而公理是对所有学科都适用的，现代数学则一律称为公理。

在《几何原本》中一共有5个公设：

(1) 从任意点到另一点可以引一条直线。

(2) 有限直线可以无限延长。

(3) 以任意点为圆心、以任意长度为半径，可以作一个圆。

(4) 所有直角都相等。

（5）如果两条直线与另一条直线相交，所成的同侧内角的和小于两直角，那么这两条直线一定在这一侧相交。

公设之后是5个公理：

（1）等于同量的量相等。

（2）等量加等量其和相等。

（3）等量减等量其差相等。

（4）可重合的图形全等。

（5）整体大于部分。

在公理后面，欧几里得证明了许多命题，每个命题都是以定义、公设、公理或前面证明过的命题作为根据，按照逻辑相关性把它们排列成命题1、命题2、命题3……这些命题就是人们所说的定理。

《几何原本》的前6卷是平面几何的内容。

第1卷是关于点、直线、三角形、正方形和平行四边形的，这一卷证明了48个命题，其中命题47是著名的毕达哥拉斯定理，也就是勾股定理："直角三角形斜边上的正方形等于直角边上的两个正方形之和。"

第2卷讨论了面积变换问题，给出了14个命题，如果把这部分内容转换成代数问题，其中一些问题相当于求解二次代数方程。

第3卷共37个命题，它开头给出了有关圆的一些几何定义，然后论述了圆的相交和相切以及弦、圆周角等，这些定理大多是目前中学几何课程中的内容。

第4卷全部是关于圆的问题，尤其是圆的内接和外接多边形，例如三角形、正方形、正五边形和正六边形。最后，命题16是关于圆的内接正15边形的作图问题。

第5卷论述了比例论。古希腊人不引用无理数，他们想靠几何方法来避免它。不过这种几何方法并没有照顾到所有的不可公度的量。第5卷为了弥补这一缺陷，它是从量的一般理论重新开始的。这样就使欧几里得几何学在处理量的问题时有了可靠的基础。

第6卷将第5卷的比例论用于相似图形，给出了33个命题。

第7～第9卷是算术内容，主要讲数论，其中第9卷的命题20相当于证明了“素数有无穷多个”这一定理。

第10卷包含115个命题，讨论了无理线段的分类。最后三卷讨论了立体几何问题，其中第13卷研究了5种正多面体。

总之，《几何原本》是一部内容丰富的数学书，千百年来为人们所使用，对人们掌握数学知识、了解公理化方法，起到了巨大的作用，全书共推导出467个定理，这里就不一一介绍了。

7.4　第一次数学危机的意义、《几何原本》的成就和问题[52~54]

第一次数学危机表明，几何学的某些真理与算术无关，几何量不能完全由整数及其比来表示。反之，数却可以由几何量表示出来，整数的尊崇地位受到了挑战，毕达哥拉斯学派的数学观点受到极大的冲击，于是，几何学开始在希腊数学中占有特殊地位。第一次数学危机同时还反映出，直觉和经验不一定靠得住，而推理证明才是可靠的，从此希腊人开始从“自明的”公理出发，经过演绎推理，并由此建立了欧几里得几何学。

欧几里得《几何原本》的完成是数学史上的一次革命，也是第一次数学危机的自然产物。欧几里得的《几何原本》是一部划时代的著作，其历史意义在于它是用公理化的方法建立起演绎体系的最早典范。在此之前所积累的数学知识是零碎的、片段的，可以比作砖瓦木石，还不能称之为建筑。只有借助逻辑的方法，把这些知识组织起来，加以分类、比较，揭示出彼此间的内在联系，整理在一个严密的逻辑体系之中，才能建成宏伟的大厦。《几何原本》体现了这种精神，它对数学以及其他科学的发展产生了深远的影响。

欧几里得的《几何原本》虽然在历史上是一部划时代的作品，受到很高的评价，但用现代数学来衡量，这本书还存在一些问题，透过这些问题我们可以看到未来数学发展的一些端倪。

1）欧几里得几何学的第5公设问题

《几何原本》中的第5公设有两个特点引起了人们的注意：其一，和前4条公设相比，它不仅在内容上缺乏自明性，而且在表述上过于啰嗦，不像是一个公设，更像一个定理；其二，欧几里得用到它的时候很迟，在第29个命题的证明中才用到它，以后第5公设再也没有出现过。这给人们一种感觉，欧几里得似乎不愿意把它当作公设使用，于是人们猜想，莫非第5公设是一个定理，只是因为欧几里得没有给出它的证明，才不得不把它放在公设里面。

由此产生出用其他的公理和公设证明第5公设的想法，这就是数学史上著名的第5公设问题。从公元前3世纪起，直到19世纪初，在长达两千多年的时间里，许多著名的学者都曾试图证明第5公设，然而都以失败告终。许多人的失败促使罗巴切夫斯基等人对这个问题进行重新研究，最终导致了非欧几何学的诞生。

2)《几何原本》公理系统存在的其他问题

公理化方法是演绎法的一种形式，其基本思想是从少数公理出发，按照演绎推理规则，推演出其他定理。为了构造几何学的理论体系，欧几里得在《几何原本》中给出了23个定义、5条公理和5条公设。

欧几里得构造的几何公理系统虽然在形式上表现出高度抽象性，但在内容上仍保留着明显的直观意义，其几何概念和命题都有特定的现实原型，例如"点是没有部分的那种东西"、"线是没有宽度的长度"，这些概念实际上是对现实世界各种实体点、实体线的抽象。这些定义还不是严格的数学定义，只是对几何对象的一种直观描述，有的还含糊不清，在后面的论证中也没有使用。另外，欧几里得的公理系统也是不完备的，因而在《几何原理》的许多命题的论证中，欧几里得不得不借助于直观，或者或明或暗地引入了其他的假设。

欧几里得给出的公理化方法被称为"实质公理法"，即从特定的几何对象和反映这些对象相互关系的公理出发，运用演绎推理构造几何体系。随着数学的发展，其理论的抽象程度越来越高，许多数学理论不再具有明显的直观意义，不再具有确定的数学模型。于是，数学中的公理化方法逐渐由传统的实质公理法发展为形式公理法。形式公理法的代表著作是希尔伯特1899年出版的《几何基础》一书，书中集中展示了希尔伯特的公理化思想。

第8章 非欧几何学简介以及给作者的启示

M·克莱因在《西方文化中的数学》一书中指出，在19世纪所有复杂的技术创造中间，最深刻的一个就是非欧几何学。这个创造除了引起数学的一些重要新分支的出现之外，它更重要的影响是使数学家从根本上改变了对数学性质的理解以及对数学和物理世界的关系的理解，并引出关于数学基础的许多问题，这些问题对20世纪的数学产生了深远的影响[55]。

8.1 欧几里得第5公设问题与非欧几何学的诞生

古代数学家很早就注意到，欧几里得《几何原本》中的第5公设与其他的公理或公设相比有一些不同之处。公理和公设在意义上虽有微妙的差异，但是总的看来，两者都是不加证明给予承认的论断，都应该是浅显明白的，其正确性可从人类长期实践的经验得到保证。所以，后来人们对它们不加区别，统称为公理。在这些公设和公理中，第5公设有两个特点引起了人们的注意：

其一，和其他的公理或公设相比，第5公设不仅在内容上缺乏自明性，而且在表述上过于啰嗦，不像是一个公设，更像一个定理；其二，欧几里得用到它的时候最迟。

我们对每个公理或公设最早被引用的情况进行统计，如下表所示。

公设或公理	最早引用的命题	公设或公理	最早引用的命题
公设 1	命题 1	公理 1	命题 1
公设 2	命题 2	公理 2	命题 13
公设 3	命题 1	公理 3	命题 2
公设 4	命题 14	公理 4	命题 4
公设 5	命题 29	公理 5	命题 16

从这个表格可以看出，第 5 公设是最迟被引用的，在第 29 个命题的证明中才用到它，而且，以后第 5 公设再也没有出现过。这给人们一种感觉，欧几里得似乎不愿意把它当作公设使用，于是人们猜想，莫非第 5 公设是一个定理，只是因为欧几里得没有给出它的证明，才不得不把它放在公设里面。由此产生出用其他的公理或公设证明第 5 公设的想法，这就是数学史上著名的第 5 公设问题。

从公元前 3 世纪起，直到 19 世纪初，在长达两千多年的时间里，很多人对欧几里得第 5 公设提出过各种各样的“证明”。然而遗憾的是，所有这些证明都是经不起推敲的，虽然论证的结果是导出了第 5 公设，但是，在证明的过程中往往不知不觉地引进了新的假设，所以，这些证明实际上是用一个新的公理代替了第 5 公设。在与欧几里得第 5 公设等价的公理中，流传最广的一个是现在中学课本里使用的平行公理：

在平面上，过直线外一点只能作一条直线与它平行。

类似的等价公理还很多，例如，法国数学家勒让德翻译过欧几里得的《几何原本》，先后出了 12 版，每一版都有附录，在附录中勒让德给出他的证明，但是每次证明都有缺陷，后来勒让德发现，只要假定三角形的内角和等于二直角，就能推出欧几里得第 5 公设。因此，勒让德也没有解决这个问题，他实际上给出了第 5 公设的又一个等价命题。

从欧几里得时代开始，人们就试图证明第 5 公设，原以为这件事情很简单，却没有料到历时 2000 多年仍未解决。在这 2000 多年里，数学面貌已经焕然一新，继解析几何和微积分诞生后，新的数学分支纷纷出现，许多困难都得到解决，但是，这个看似简单的第 5 公设问题却仍然没有进展，让数学家感到惭愧，1759 年，法国数学家达朗贝尔说：欧几里得第 5 公设问题是“几何原理中的家丑”。

无数次的失败使数学家开始怀疑：证明第 5 公设是可能的吗？这怀疑引出了积极的结果——非欧几何学的诞生。

今天人们普遍认为，非欧几何学是由三个人各自独立建立的，这三个人是：德国数学家高斯，匈牙利数学家 J·鲍耶和俄罗斯数学家罗巴切夫斯基。

高斯（见图 8-1）是德国著名的数学家、物理学家和天文学家，生于 1777 年，卒于 1855 年。高斯在童年时就显示出很高的数学才能，据说，在 10 岁时就已经掌握了等差级数的求和方法，计算出数学老师给的题目：$1+2+\cdots+100=?$

图 8-1　高斯

1795 年高斯进入哥廷根大学学习，他曾在选择古代语还是数学专业产生犹豫。大学一年级时发现了二次互反律，第二年又得出正十七边形的几何作图法，并给出了可用尺规作出正多边形的条件，解决了一个两千年来悬而未决的难题。数学上的成功，促使他致力于数学研究。1798 年，高斯因证明代数基本定理而获得博士学位。从 1807 年到 1855 年逝世，高斯一直担任哥廷根大学教授，并兼任哥廷根天文台台长[56]。

高斯的科学成就遍及数学、天文学、大地测量学和磁学等领域。

在数学方面，高斯在数论、代数学、微分几何学、超几何级数、复变函数论以及椭圆函数论等方面均有一系列开创性贡献，此外，高斯还是非欧几何学的创立者之一。1799 年高斯开始从事非欧几何的研究，并在 1813 年形成了较完整的思想。非欧几何学是对欧几里得几何学的挑战，或许因为担心这项工作不被人们接受，在高斯生前没有发表这一成果，高斯去世后，人们在他的遗稿中发现了有关非欧几何学的研究。

高斯善于把数学成果用于其他科学领域。1809 年，他发表了《天体运动理论》，并发明了最小二乘法，这一发明对天文学和其他许多需要处理大量观察数据的学科具有重要意义。

1816 年，高斯受汉诺威政府的委托进行大地测量，于是他把研究重点从天体转向大地。在对大地测量的研究中，高斯创立了曲面理论。1827 年发表了《关于曲面的一般研究》一书，书中全面阐述了三维空间中曲面的微分几何，并提出了内蕴几何的思想，高斯的这一思想对我们解决狭义相对论的坐标定义问题很有启发。

1830 年前后，高斯的研究转向磁学，并发表了《地磁概论》和《关于与距离平方成反比的引力与斥力的普遍定理》等著作，高斯在这一领域所做的工作是位势理论的经典文献。

高斯在科学上的贡献很多，不可能一一介绍，下面主要介绍他对非欧几何学的研究。在 18 世纪，受康德哲学思想的束缚，人们普遍认为欧几里得几何是物理空间的唯一几何形式。在 1799 年之前，高斯也认为欧几里得几何是物质空间的几何，他曾试图从其他更可信的假设中推导出欧几里得第 5 公设。

然而，从 1799 年 12 月 17 日高斯给他的朋友 W・鲍耶的信中可以看出，此时高斯已经改变了他的观点，开始相信平行公理不能从其他的欧几里得公理中推导出来。与上述传统数学思想决裂后，高斯开始研究新的、不同于欧氏几何的理论。

在 1981 年再版的《高斯全集》第 8 卷的第 177 页，我们可以看到高斯在 1817 年写的一段话："我越来越深信，我们不能证明欧氏几何具有'物理的'必然性，至少不能用人类理智，也不能给予人类理智以这种证明，或许，在另一个世界中我们得以洞察空间的本质，而现在这是不能达到的。"

为了检验新几何的正确性，高斯还实地测量了三个山峰构成的三角形的内角之和，发现其内角之和比 180°多出 $14.45''$。这一实验没有成功，但这并未改变高斯对新几何的信心，他认为只有在特别大的三角形中两种几何的区别才能显现出来。

由此可见，此时，高斯基本形成了新几何的完整思想。他深信新几何在逻辑上是相容的，而且能够获得实际应用，因而，这种几何是与欧氏几何一样的客观实在。高斯最初称这种与欧几里得几何不同的新几何为反欧几何，后称星空几何，最后才叫非欧几何，这个名称一直沿用至今。

虽然高斯是一位极有影响的大数学家，但是他担心别人不理解他的工作，所以，一生中从未发表过非欧几何学的工作，在他死后，人们才从他和一些数学家的通信以及他的遗稿中发现他曾研究过非欧几何学。

匈牙利数学家J·鲍耶（见图8-2）的父亲W·鲍耶也是一位数学家，而且还是高斯的好朋友。J·鲍耶少年时就学习了微积分和分析力学等课程，他喜欢数学和音乐。在父亲的影响下，1820年左右他开始研究欧几里得第5公设问题，1823年，在给父亲的信中称，他不用平行公理构造出一种新的几何，“从无到有，我创造出另一个全新的世界。”

图8-2　J·鲍耶

1825年，他给父亲看了他的手稿，后来父亲将手稿寄给高斯，请高斯提意见，高斯在给W·鲍耶的回信中说：“如果我一开始就说我不能称赞你儿子的工作，那么你一定会奇怪。但是我不能说出任何别的话，称赞他等于称赞我自己，因为这研究的一切内容，你的儿子所采用的方法和他所达到的一些结果，几乎与我在30～35年前已经开始的个人沉思相符合。我真的被这些吓坏了。”“关于我自己的著作，虽然有一小部分已经写好，但我的目标是一生都不愿意发表的。大多数人对于那里所讨论的问题都抱着不正确的态度。”高斯的回信给小鲍耶当头泼了一盆冷水，大大刺痛了他的心，从此再没有发表数学文章。1832年，鲍耶将他的文章放在他父亲写的一本书中作为附录发表，这是他生前唯一发表的数学论文，但这篇文章没有引起数学家的注意。

图8-3　罗巴切夫斯基

罗巴切夫斯基（见图8-3）是俄国喀山大学的数学教授，他第一个发表了与欧几里得第5公设相对立的新几何，并且为了使这种新几何能被人们接受而奋斗终生。

罗巴切夫斯基生于1892年，自幼勤奋好学，15岁考入喀山大学数学物理系。1811年，大学毕业获硕士学位，并留校任教。主讲过数论、三角学、几何基础、微分几何、力学和数学。1814年晋升为副教授，1816年晋升为教授，1820年任数学物理系主任，1827年任喀山大学校长。罗巴切夫斯基的卓越领导为喀山大学的发展做出了重要贡献，为了纪念他的功绩，1893年，喀山大学树立起他的塑像。

罗巴切夫斯基一生最重要的科学贡献是创立非欧几何学。人们很早就尝试证明欧几里得几何学的第5公设，但直到19世纪以前并没有获得实质性进展。1816年，罗巴切夫斯基像前人一样尝试证明第5公设，但不久他就发现，所有这种证明都无法逃脱循环论证的错误。于是，他做出这样的假定：在平面上，过直线外一点可以有多条直线不与原直线相交。这是一个与第5公设相对立的命题，如果它被否定，就等于证明了第5公设。但是，罗巴切夫斯基发现，不仅无法否定这个命题，而且将它与平行公理无关的定理放到一起展开推理，可以得到一系列前后一贯的命题，它们构成了一个逻辑合理，并独立于欧几里得几何的新的几何系统，他称其为“虚几何学”。这是一个非同寻常的发现，它告诉人们数学中存在着两个完全不同的几何公理体系，而且，这两个公理体系具有同样的真理性。

1826年2月23日，罗巴切夫斯基在喀山大学数学物理系宣读了他关于这种新几何的报告。1829年发表了《论几何学基础》，1832年，喀山大学将《论几何学基础》呈送彼得堡科学院审评，科学院委托数学家奥斯特洛格拉兹院士作评定，奥斯特洛格拉兹院士曾在数学物理、数学分析、力学等方面有过卓越的贡献，在当时的学术界有很高的声望。可惜他也没有理解罗巴切夫斯基的思想，他在评语中写道：“看来，作者旨在写出一部使人不能理解的著作，他达到了自己的目的。”“由此我得出结论，罗巴切夫斯基校长的这部著作谬误连篇，因而不值得科学院注意。”

虽然受到打击，但罗巴切夫斯基继续发表这种新几何的著作，1835年出版了《想象中的几何学》，1840年又用德文写了《平行线理论的几何研究》，这部著作传到德国，高斯看后，一方面在私人通信中称赞罗巴切夫斯基的工作，但罗巴切夫斯基的遭遇正是高斯先前所估计到的，因此，他没有敢于站出来为之辩护。

晚年罗巴切夫斯基心情更加沉重，家庭的不幸格外增加了他的苦恼，他最喜欢的大儿子因肺结核医治无效而死去，这使他十分伤感，他的身体变得越来越多病，眼睛逐渐失明。在如此困难的情况下，他仍然坚持工作，在逝世的前一年，即1855年，在几乎失明的情况下，还通过口授写了俄文和法文的著作《泛几何学》。

1856年2月12日，伟大的数学家罗巴切夫斯基在苦难和郁闷中离开了人世。虽然在有生之年他的工作没有得到承认，然而历史是公正的。1868年，意大利数学家贝特拉米发表了著名论文《非欧几何解释的尝试》，文中将非欧几何命题"翻译"成相应的欧几里得几何命题，并证明如果欧几里得几何没有矛盾，非欧几何也没有矛盾。此后，非欧几何学才开始获得学术界的普遍注意，罗巴切夫斯基的独创性研究也得到了学术界的高度评价。

1893年，在喀山大学树立起世界上第一座数学家的雕像——罗巴切夫斯基的雕像，这是后人对这位伟大数学家最好的缅怀。

回顾非欧几何学创立的这段历史，总是提到三个人，在三个不同的国家里，在差不多的时间里，各自独立地建立了非欧几何学，这是一个很奇怪又很巧合的事情。这不禁使人想起W·鲍耶的一句名言，W·鲍耶在给儿子J·鲍耶的一封信中写道："许多思想好像有自己的时代似的。在它的时间里，它们同时在不同的地区被发现着，就像春天里的紫罗兰，在阳光照耀的地方到处生长一样。"[57]

由高斯、鲍耶和罗巴切夫斯基建立的几何学现在称为罗氏非欧几何学，它与欧氏几何只差一个平行公理，欧氏几何的平行公理是："过直线外的一点，可以引一条、并且只能引一条直线与原直线平行。"罗氏几何的平行公理为："过直线外一点可以引两条以上直线与原直线平行。"

后来，数学家黎曼（见图8-4）用另一个公设，即"过直线外一点的任何直线都必定与原直线相交。"来代替欧几里得第5公设，推导出另外一种非欧几何学，即黎氏非欧几

图8-4　黎曼

何学。

8.2　黎曼几何把欧氏几何和非欧几何统一起来

德国数学家黎曼的父亲是一个乡村牧师，黎曼 6 岁开始上学，14 岁进入大学预科学习，19 岁按父亲的意愿进入哥廷根大学学习哲学和神学，以便将来继承父志当一名牧师。由于从小酷爱数学，当时的哥廷根大学是世界数学的中心之一，一些著名数学家，例如高斯、韦伯等在校执教，黎曼被这里数学研究的气氛所感染，于是放弃神学，改学数学。1847 年，黎曼转到柏林大学学习，成为雅可比、狄利克雷的学生。1849 年，重回哥廷根大学攻读博士学位，成为高斯晚年的学生。1851 年获博士学位，1854 年被聘为哥廷根大学的编外讲师，1857 年成为副教授，1859 年接替狄利克雷成为教授。因为长年贫困和劳累，1862 年患上胸膜炎和肺结核，1866 年不幸病逝，终年只有 39 岁。黎曼是数学史上最具独创精神的数学家之一，在其短暂的一生中做出许多奠基性的工作，其中一项重要贡献是他创立的黎曼几何。

1854 年，黎曼为了得到哥廷根大学编外讲师的职位，他需要作一次试讲。按要求黎曼呈报了三个题目，前两个是他精心准备的函数论方面的题目，第三个是关于几何基础方面的内容，这个题目十分深奥，在黎曼的脑海里只是一种想法，按照惯例他试讲的应该是第一个题目。然而，作为主持人的高斯对几何基础问题研究了几十年，一直没有公开发表自己的见解，怀着极大的好奇心，高斯很想看看自己的学生在这方面的见解，因而指定黎曼讲第三个题目。这使黎曼受到巨大压力，他放下其他工作，用了将近两个月的时间，完成了讲稿，数学史上一篇划时代的文章就这样诞生了。

在这篇题为《关于作为几何学基础的假设》的演讲中，黎曼发展了高斯关于曲面微分几何的思想。从数学上讲，黎曼发展了空间的概念，他首先认识到几何学中所研究的对象是一种“多重广延量”，其中的点可以用 n 个实数作为坐标来描述，这就是现代微分流形的最初形式。黎曼认为这种空间（也就是流形）上的几何学应该是基于无限临界点之间的距离。在无限小的意义下，这种距离仍然满足勾股定律，这样他提出了黎曼度规的概念，这是对高斯思想的发展，黎曼提出了更一般化的观点：

在欧几里得几何中，临界两点之间的距离平方为

$$ds^2 = dx_1^2 + dx_2^2 + dx_3^2$$

这确定了欧几里得几何。但在一般曲线坐标下，则应为

$$ds^2 = \sum_{i,j} g_{ij}(x) dx_i dx_j$$

上式可以定义一种几何学，这就是黎曼几何学。

由于在每一点的周围，都可以选取局部坐标使得在这一点勾股定理成立，所以在非常小的区域里黎曼几何与欧几里得几何接近，但是，在大一些的范围里，黎曼几何与欧几里得几何就有很大的区别了。

此外，黎曼还引进了黎曼曲率，说明它的内蕴性质，还把欧氏几何和非欧几何统一到黎曼几何的理论体系中。

为了说明这个问题，我们讨论一个最简单的情况。

在二维时，黎曼几何对应于高斯的曲面，将曲面本身看作一个空间，那么曲面上的测地线就相当于曲面上的"直线"。高斯曾研究了测地线问题，对于一个由测地线构成的三角形（见图 8－5）：

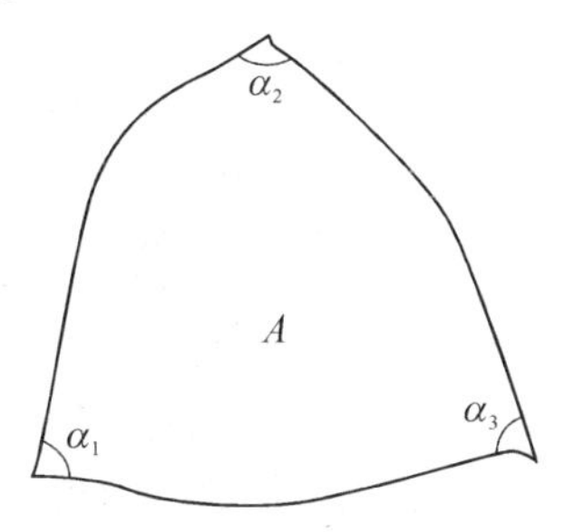

图 8－5　测地三角形

高斯证明了关于曲率 K 的著名定理：K 是曲面上的可变曲率，这个曲率在测地三角形上的积分满足：

$$a_1 + a_2 + a_3 = \pi + \iint K dA \tag{8-1}$$

当 $K = 0$ 时，曲率等于零，曲面变成了平面，由式（8－1）可以得出，$a_1 + a_2 + a_3 = \pi$，即三角形内角之和等于 180°，这正是欧几里得几何学中的定理，因此，$K = 0$ 的情况对应于欧氏几何学。

当 $K < 0$ 时，由式（8－1）可得三角形内角之和小于 180°，这是罗巴切夫斯基几何学的性质，因此，$K < 0$ 的情况对应于罗巴切夫斯基几何学。

当 $K > 0$ 时，由式（8－1）可得三角形内角之和大于 180°，这是黎曼几何的

性质,因此,$K>0$ 的情况对应于黎曼几何学。

表 8-1 给出了这三种几何的主要性质。

表 8-1 三种几何的主要性质

名称	平行线	三角形内角和	曲率
欧氏几何	只有一条	等于 180°	$K=0$
罗氏几何	两条以上	小于 180°	$K<0$
黎氏几何	无	大于 180°	$K>0$

由此可见,黎曼从更高的角度把欧氏几何和非欧几何统一起来。实际上,从黎曼几何的角度看,欧氏几何、罗氏几何和黎氏几何描述的是不同曲率的空间,欧氏几何描述的是零曲率空间,例如平面;罗氏几何描述的是负曲率空间,如马鞍面;而黎氏几何描述的是正曲率空间。最简单的黎曼几何是将球面本身当作一个空间,取纬度和经度作为点的坐标,那么,球面上的大圆弧就是曲面上的测地线。

8.3 非欧几何学的重要意义

非欧几何学的出现,冲破了传统数学思想的束缚,它告诉人们,几何学并非只有欧几里得的一种理论体系,还存在着与欧几里得不同的其他体系。但是,由于时代的局限性,当时的人们还不能理解这种新几何学的实质,以致高斯在生前不敢发表这方面的工作,另外两位虽然发表了,但在有生之年,都没有被人们理解和承认。

非欧几何学建立后,有两个问题有待解决:

其一,在理论方面,虽然大量的推导没有引起矛盾,但这不能保证再推导下去不会产生矛盾,因此,研究理论的相容性,即无矛盾性成为非欧几何学的一个重要问题。

其二,非欧几何学到底反映哪种空间形式还没有得到具体的说明。

1868 年,意大利数学家贝尔特拉米利用当时微分几何的最新研究成果,证明了伪球面上的几何学在局部具有罗巴切夫斯基几何学的特征。伪球面是一种形如喇叭的特殊曲面,具体而又实在。

后来,贝尔特拉米和克莱因又给出罗氏几何一个新的模型,这个模型是不包括圆周的圆内部,又称为罗氏平面。圆内部的点、弦、角和其他图形都满足罗氏几何的定理。在这个模型中,罗氏几何的公理和定理实际上就是欧氏几何对于某些特殊图形的论断。于是,如果在罗氏几何中有矛盾的话,则这个矛盾将是欧氏几何内的矛盾;因而,只要欧氏几何无矛盾,则罗氏几何也一定没有矛盾。这样,罗氏几何的无矛盾性最终被归结为欧氏几何的无矛盾性问题。

贝尔特拉米和克莱因的工作,使人们认识到由罗巴切夫斯基、高斯和鲍耶建立的非欧几何学,确实反映了现实世界的某些客观规律。于是,非欧几何学在数学上得到了承认。

非欧几何学的建立在数学发展史上具有划时代的重要意义,它使数学家们从根本上改变了对数学的理解以及对数学和物质世界关系的理解。非欧几何学的创建也打破了欧氏几何的一统天下,从根本上改变了人们对几何观念的认识,非欧几何学推翻了两千多年来流行的一种观念,即认为欧氏几何是描述空间的唯一几何形式。

非欧几何的建立标志着人们对空间形式的认识发生了飞跃,从直观的空间上升到抽象的空间。1872年,克莱因从变换群的观点对各种几何学进行了分类,提出了著名的埃尔朗根纲领,这个纲领对几何学的进一步发展产生了重要影响。

非欧几何学不仅改变了数学,而且对物理学也产生了深远的影响。非欧几何学首先提出的弯曲的空间,它为更广泛的黎曼几何的产生创造了前提,而黎曼几何正是爱因斯坦建立广义相对论的数学工具,1915年,黎曼几何被爱因斯坦用于广义相对论。因此,可以说黎曼等人建立的微分几何为广义相对论的建立做好了数学上的准备。

8.4　非欧几何学对作者的启示

非欧几何学给我们的一个启示是用公理化方法建立的理论不是唯一的

理论。

以几何学为例，几何理论是人类从社会实践中概括总结出来的理论，在概括总结时，常常需要适当的简化和理想化，得到某种几何模型。在构建几何模型时，由于理想化的方法不同，或者说，选取的几何公理不同，就可以建立不同的几何理论。

如果选择欧几里得的平行公理，得到的就是欧几里得几何学。欧几里得几何学中的平行公理为：

在一平面上，通过直线外一点只有一条直线与已知直线共面而不相交。

19世纪，罗巴切夫斯基把欧几里得几何学的平行公理稍作改动，将“只有一条直线”修改成“至少两条直线”，罗巴切夫斯基修改后的平行公理为：

在一平面上，通过直线外一点至少有两条直线与已知直线共面而不相交。

罗巴切夫斯基用这个方法建立了一个全新的几何理论，在这个新的几何里，三角形内角之和小于两直角。罗巴切夫斯基称这种几何学为虚几何学，当时他的工作并未被人理解，直到1860年代，罗巴切夫斯基的工作才为数学界所公认，他的工作也是19世纪数学研究的一个转折点，从此之后对非欧几何学的研究成为了几何学的主流。

由此我们可以获得一些启示：

首先，由几何学我们不难联想到相对论，爱因斯坦相对论也是一个用公理化方法建立起来的理论。既然欧几里得几何学不是唯一的几何学，那么，爱因斯坦的相对论是唯一的相对论吗？

其次，对一个理论的公理系统进行修改，必然导致一个新理论的诞生。罗巴切夫斯基修改了欧几里得的平行公理，导致了非欧几何学的诞生；今天，如果我们对狭义相对论的某一公理进行修改，是否也可以建立一个新的相对论理论呢？

第9章 无穷小悖论与第二次数学危机

从历史的角度看，悖论的出现并不是坏事，随着悖论的解决，往往给科学带来新的东西。前面的讨论表明，第一次数学危机给数学带来了公理化的方法。本章我们将看到，第二次数学危机导致了微积分的严格化和极限概念的诞生。

第二次数学危机起源于无穷小悖论，实际上，早在古希腊时代，人们就知道一些与无穷小有关的悖论，其中比较著名悖论就是芝诺悖论。

9.1 芝诺悖论

芝诺(约公元前490—前436年)，古希腊哲学家，生于意大利半岛南部的埃利亚，关于他的生平，缺少可靠的文字记载。芝诺是继毕达哥拉斯学派之后，在意大利出现的一个哲学派别——埃利亚学派的代表人物之一，这个学派的领袖巴门尼德是芝诺的老师。

芝诺以其悖论闻名，他一生曾巧妙地构想出40多个悖论，目前流传下来的只有4个，其中的一个悖论是“阿基里斯追不上乌龟”，一次芝诺对学生说：你们都知道荷马史诗中善跑的阿基里斯吧，他是世界上跑得最快的人，但是，在我看来，他追不上一只乌龟。学生们听了都不信，于是，芝诺详细讲述了他的观点。

如果让爬得慢的乌龟先行一段路程，那么，阿基里斯永远追不上乌龟。芝诺的论证如下：乌龟先行了一段距离，阿基里斯为了赶上乌龟，必须先到达乌龟的出发点 A，但当阿基里斯到达 A 点时，乌龟已经到了 B 点，而当阿基里斯到达 B 点时，乌龟又到了前面的 C 点……依次类推，两者距离虽然越来越近，但阿基里斯永远落在乌龟的后面，而追不上乌龟。

学生们听了芝诺的叙述，都认为芝诺的结论是错的，但又无法指出他的错误。这就是芝诺的一个悖论。

芝诺的另一个悖论叫作“二分法悖论”：任何一个物体要想由 A 点运行到 B 点，必须首先到达 AB 的中点 C，随后需要到达 CB 的中点 D，在随后到达 DB 的中点 E，依次类推，这个二分过程可以无限地进行下去，这样的中点有无限多个，所以物体永远也到不了终点 B。

芝诺悖论的提出有其深刻的背景，不是专门针对数学的，但它在数学王国中却掀起了一场轩然大波，它说明希腊人已经看到了“无穷小”和“很小很小”之间的矛盾，但他们无法解决这个矛盾。

亚里士多德曾试图解决芝诺悖论，他对与芝诺悖论密切相关的无穷问题进行了思考，并做出一项对日后数学产生深远影响的工作，亚里士多德把无穷区分为潜无穷和实无穷：一种观点认为，无穷不可能是已经完成的，而是在永远延伸的进程，无穷是潜在的，不可能作为一个固定的整体而存在，这种观点被称为“潜无穷”。与此相对立的观点叫作“实无穷”，持这种观点的人认为，无穷是一个已经构造完成了的整体，可以当作一个现成的实体去认识。亚里士多德只承认“潜无穷”，不承认“实无穷”，他以自然数为例说明无穷只能是潜在的，因为给任何数加上 1 后，总能得到一个新数，因此，只可以把无穷看作一个无限延伸的过程，不可以把无穷作为一个实在的整体。

在作了上述区分后，亚里士多德只承认存在潜无穷，却抛弃了实无穷的概念，他想通过这种方式消除芝诺悖论。因为，通过否认实无穷，他就可以拒绝对一线段进行无限分割的做法。然而，亚里士多德并没有真正解决芝诺悖论，真正的解决这一问题还需要等到第二次数学危机之后。

9.2　无穷小悖论与第二次数学危机

第二次数学危机发生在18世纪，当时数学面临的情况是，一方面由于微积分的迅速发展，在实践中已经取得了许多成功的应用，大多数数学家对其可靠性深信不疑；另一方面，在微积分大范围应用的同时，关于微积分的基础问题也越来越严重。其中关键的问题是：无穷小量是不是零？无穷小及其分析是否合理？围绕这些问题，引发了数学家和哲学家长达一个半世纪的争论，这就是第二次数学危机。

微积分建立在无穷小的概念之上，而当时对无穷小的解释含糊不清，无穷小有时等于0，有时又不为0，从逻辑上讲这无疑是一个矛盾。

在牛顿的微积分理论里，无穷小量Δx最初不可以等于0，因为，求导数时需要用Δx去除Δy，后来又必须令它等于0，以便最后将它忽略不计，这种对无穷小的处理方法有点像变魔术，因此也引起了许多非议。

例如，对$y=x^2$求导数，根据牛顿的计算方法，有

$$y+\Delta y=(x+\Delta x)^2 \tag{9-1}$$

把$y=x^2$代入式(9-1)可得

$$\Delta y=2x\Delta x+(\Delta x)^2 \tag{9-2}$$

$$\frac{\Delta y}{\Delta x}=2x+\Delta x \tag{9-3}$$

$$\frac{\Delta y}{\Delta x}=2x \tag{9-4}$$

在上面这个推导过程中，从式(9-2)到式(9-3)，要求Δx不等于零，而从式(9-3)到式(9-4)又要求Δx等于零。正因为微积分在推导中存在这类矛盾，所以微积分诞生时就遭到一些人的反对和攻击。

无穷小量究竟是不是零？两种答案都会导致矛盾。牛顿对它曾做过三种不同的解释：1669年说它是一种常量；1671年又说它是一个趋于零的变量；

1676年则把它说成是“两个正在消失的量的最终比”。但是,无论如何解释无穷小量,牛顿始终没有解决上述矛盾。

1695年,荷兰数学家纽文蒂在其著作《无穷小分析》中提出牛顿对流数的概念叙述模糊不清。1734年,英国大主教贝克莱在《分析学家》一书中对微积分进行了激烈的批评,他集中攻击牛顿的无穷小量,说它既不是有穷量,也不是无穷小量或者0,而是消失了量的鬼魂。在这本书的最后,贝克莱还提出60多个疑问,即所谓的贝克莱悖论。贝克莱等人的批评说出了微积分理论基础不牢固这个要害,由此引发了第二次数学危机。

18世纪数学的特点是直观的、不严密的,当时数学家只强调计算而不管基础是否可靠。其中特别是还没有定义严格的无穷小的概念,而导致导数、微分和积分的概念也不清楚;为了解决第二次数学危机,数学家们开始进行一项分析基础严格化的伟大工程,在这方面,法国数学家柯西和德国数学家魏尔斯特拉斯(见图9-1)做出了巨大贡献。

柯西

魏尔斯特拉斯

图9-1 柯西和魏尔斯特拉斯

柯西认为,微积分的核心是极限概念,他把极限定义为:当一个变量无限趋近一个定值,最终使变量和定值之差要多小就有多小时,这个定值就叫作极限。他还把极限趋于0的变量作为微积分的起点,这样就把极限和无穷小量联系起来，建立了微积分的理论基础。

柯西的极限定义是用描述性的语言表述的，为了避免描述性语言带来的不确定性，魏尔斯特拉斯用严格的分析语言给出了极限的定义，这就是现在大学教材中普遍使用的关于极限的 $\varepsilon-\delta$ 定义。

极限概念的引入和极限理论的建立，使得由无穷小的悖论得以消除，第二次数学危机也得到了解决。正如希尔伯特所说：魏尔斯特拉斯为数学分析建立了坚实的基础，扫清了关于无穷大和无穷小的各种混乱概念，决定性地克服了起源于无穷大和无穷小概念的困难。

9.3 引入极限方法后，芝诺悖论得以解决

有了极限方法后，无穷小悖论就得以解决了，下面我们以“阿基里斯追不上乌龟”这个悖论为例，说明这一问题是如何解决的。“阿基里斯追不上乌龟”悖论说得更具体些，其大意是：

假如让阿基里斯和乌龟赛跑，阿基里斯的速度是乌龟的10倍，并让乌龟提前跑了十分之一里，然后阿基里斯追赶乌龟，当他追到十分之一里的地方，乌龟又前进了百分之一里；当他再追到百分之一里的地方，乌龟又前进了千分之一里……，依次类推，阿基里斯永远也追不上乌龟。

下面让我们看一看用极限概念是如何解决这个悖论的：

假设阿基里斯和乌龟的速度分别为 v_1 和 v_2，而且阿基里斯的速度 v_1 远大于乌龟的速度 v_2。开始时阿基里斯的位置在 O 点，乌龟的位置在 A 点，两点之间的距离 $\overline{OA}=l$。当阿基里斯第一次跑到乌龟最初的位置 A 时，所用时间为

$$t_1=\frac{l}{v_1}$$

此时乌龟已经跑到第二个位置 B，乌龟走过的距离为

$$\overline{AB}=v_2t_1=\frac{v_2}{v_1}l$$

当阿基里斯第二次跑到乌龟所在的位置 B 时，所用时间为

$$t_2 = \frac{\overline{AB}}{v_1} = \left(\frac{v_2}{v_1}\right)\frac{l}{v_1}$$

这时乌龟已到第三个位置 C，乌龟走过的距离为

$$\overline{BC} = v_2 t_2 = \left(\frac{v_2}{v_1}\right)^2 l$$

……

依次类推，当阿基里斯第 n 次跑到乌龟所在的位置时，所用时间为

$$t_n = \left(\frac{v_2}{v_1}\right)^{n-1} \frac{l}{v_1}$$

这一过程可以一直继续下去，因此，没有无穷多次，阿基里斯是无法追上乌龟的。

在没有极限理论之前，芝诺悖论是很难驳倒的，有了极限理论，利用无穷级数求和的方法，阿基里斯追上乌龟的时间很容易计算出来：

$$\begin{aligned} t &= t_1 + t_2 + \cdots + t_n + \cdots = \frac{l}{v_1}\left[1 + \frac{v_2}{v_1} + \left(\frac{v_2}{v_1}\right)^2 + \cdots\right] \\ &= \frac{l}{v_1}\sum_{k=0}^{\infty}\left(\frac{v_2}{v_1}\right)^k = \frac{l}{v_1}\frac{1}{1-\dfrac{v_2}{v_1}} = \frac{l}{v_1 - v_2} \end{aligned}$$

上式表明阿基里斯在有限的时间内就可以追上乌龟。阿基里斯追上乌龟时所走过的路程为

$$s = v_1 t = l\left[1 + \frac{v_2}{v_1} + \left(\frac{v_2}{v_1}\right)^2 + \cdots\right]$$

把 $l = \frac{1}{10}$ 里，$\frac{v_2}{v_1} = \frac{1}{10}$ 代入上式可得

$$s = \frac{1}{10} + \frac{1}{100} + \frac{1}{1\,000} + \cdots = \frac{1}{9}$$

即阿基里斯在离起点 $\frac{1}{9}$ 里的地方追上了乌龟。所以，利用极限方法就可以解

决芝诺悖论。

9.4　第二次数学危机的意义以及从中获得的启示

19 世纪 70 年代初，经过柯西、魏尔斯特拉斯、戴德金和康托等人的努力，实数理论建立起来了，在实数理论的基础上，得到了极限论的基本定理，从而使数学分析建立在严格的理论基础上。无穷小悖论得以消除，第二次数学危机宣告结束。

第二次数学危机不但没有阻碍微积分的迅速发展，反而让微积分得到了更广泛的应用，不仅解决了大量的数学问题，而且还应用于各个科技领域，解决了许多物理问题、天文问题。就微积分的理论而言，经过第二次数学危机的洗礼，这门学科也得到了发展，其自身也更系统化和完整化，并扩展出许多新的分支。

第二次数学危机再一次提醒我们，当数学理论中缺少某个重要东西时，就会产生悖论。第一次数学危机和希帕索斯悖论的出现，是由于当时的数学理论中缺少无理数的概念，引入无理数的概念后，希帕索斯悖论就得以解决了。而第二次数学危机的发生，是由于数学中缺少无穷小的严格定义和极限的概念，引入极限概念后，第二次数学危机便得以解决。

第10章 罗素悖论与第三次数学危机

第二次数学危机之后，在1900年前后，由罗素悖论又引发一次数学危机，即第三次数学危机，要了解这次危机，我们需要从康托的无穷集合论谈起。

10.1 康托的无穷集合论

人类对无穷的认识经历了很长的过程，早在中国古代和西方古希腊时期，数学家就已经接触了无穷。但是，在是否承认无穷这一问题上，自古以来就一直存在着争论。

亚里士多德只承认"潜无穷"，不承认"实无穷"，他以自然数为例说明无穷只能是潜在的，因为给任何数加上1后，总能得到一个新数，因此，只可以把无穷看作一个无限延伸的过程，不可以把无穷作为一个实在的整体。

高斯也不承认"实无穷"，他曾说过："把无穷量作为一个实在的整体来使用，在数学中是绝对不允许的，无穷只不过是一种说话方式。"

数学家为什么不接受"实无穷"呢？其中一个重要原因是，自亚里士多德以来，人们就把"整体大于部分"作为一个数学公理，写进了许多经典数学著作中，例如，欧几里得《几何原本》中的第5公理就是"整体大于部分"。

如果把无穷作为一个实在的整体来看待，就会得出与"整体大于部分"相矛盾的结果。伽利略(见图10-1)很早就注意到这一问题，在1638年出版的《两门新科学的谈话》一书中，伽利略指出：自然数可以和它们的平方构成一一对应关系，即有：

$$\begin{array}{ccccccc}
1, & 2, & 3, & 4, & 5, & \cdots, & n,\cdots \\
\updownarrow & \updownarrow & \updownarrow & \updownarrow & \updownarrow & & \updownarrow \\
1, & 4, & 9, & 16, & 25, & \cdots, & n^2,\cdots
\end{array}$$

这样，全体平方数的数量就同全体自然数的数量完全“相等”了。但是，平方数是自然数的一部分，如果平方数的数量和自然数相等，这就违反了“整体大于部分”这条公理，伽利略认为，这是不可能的事情。因此他得出，所有的无穷大都一样，不能比较大小。后来，人们把伽利略发现的这个矛盾称为“伽利略悖论”。

图 10-1　伽利略

图 10-2　康托

19 世纪，随着分析的严格化和函数论的发展，数学中出现一些新的问题需要解决，例如，无理数的定义问题，傅里叶三角级数的收敛问题，这些问题的解决要用到点集、无理数集和实数集等概念，人们还需要把点集、实数集作为一个整体来研究。在这一背景下，康托(见图 10-2)和戴德金等人引入了无穷集合的概念，戴德金给出的无穷集合的定义是：“凡是一个集合能同它的一部分(即由一部分元素组成的部分集合)等价时，这个集合就叫作无穷集合”。

无穷集合概念的提出是人类在“无穷”认识过程中的一次飞跃。人们认识到“整体大于部分”是有限集合的重要特征，对于无穷集合这个性质并不成立，无穷集合的特征是“整体等于部分”。正是由于认识到了无穷集合的这个重要性质，康托创立并发展了一门新的数学分支——集合论。

康托是德国著名数学家、集合论的创始人，于 1845 年 3 月 3 日生于俄国彼得堡，在那里接受了短暂的小学教育，1856 年随父母迁居德国，1862 年进苏黎世大学学习，次年转入柏林大学。1868 年获柏林大学博士学位，博士毕业后先在柏林大学从事研究工作，1869 年接受哈勒大学的聘请，此后终生在哈勒大学任职。

康托爱好广泛，且极有个性，早期的兴趣是数论，1870 年研究三角级数，并由此导致了数学上的一个重大成就——集合论和超穷数理论的建立。19 世纪上半叶，法国数学家傅里叶的研究表明，许多函数都可以用三角级数来表示，人们把这种级数叫傅里叶级数。但是，为了保证这种表示是合理的，必须证明收敛于某一函数的三角级数是唯一的。1872 年，康托在从事函数三角级数展开唯一性的研究中，涉及由例外点组成的无穷集合。为了描述这种集合，康托引入了点集的极限点、点集的导集等概念，由此开始了集合论的研究[58]。

在康托的集合论中，集合是一个最基本的概念，那么什么是集合呢？康托称集合为一些确定的、不同东西的总体，这些东西人们能够意识到，并且能够判断一个给定的东西是否属于这个总体。康托的集合论最初就是建立在这样一个描述性的基础上，因此，人们把康托的集合论又称为朴素集合论。康托集合论的要点有：

(1) 康托定义集合是具有某种属性的事物的全体，集合中的事物称作元素，元素必须具有确定性。在此基础上，康托又定义了集合之间的各种运算，研究了集合的各种性质。

(2) 为了比较集合的大小，康托引入了集合的势和基数的概念，两个集合中的元素如果存在一一对应关系，这两个集合就是等势的，或者说它们基数相等。

(3) 按照势的定义，康托规定所有与自然数等势的集合叫作可数集合。康托得出可数集合是最小的无穷集合，同时他证明了有理数集和代数数集都是可数集合，但实数集不是可数集合，与实数集等势的集合又叫作连续统。

(4) 发现了两个不同的无穷集合，可数集和连续统之后，康托沿着两个途径构造出更大的无穷集合，一个途径是从序数集出发形成更大的无穷集合；另一途径是用一个集合的幂集来形成比原集合更大的无穷集合。

康托的集合论还有许多内容，这里就不一一介绍了。

康托的集合论在数学中占据重要的地位，如果我们把数学比作一座大厦，那么集合论就是构筑这座大厦的基石。因为，在 20 世纪初数学家们已经证明，数学基础的无矛盾性可以归结为实数理论的无矛盾性，实数理论的无矛盾性可归结为算术理论的无矛盾性，而算术理论的无矛盾性最终可归结为集合论的无矛盾性。因此，康托被称为对 20 世纪数学发展影响最深的数学家之一，他创立的集合论已成为现代数学的逻辑基础[59]。

20 世纪初，随着集合论地建立和数学分析的严格化，数学家们普遍认为数学基础已经牢固地建立起来了。在 1900 年的第二次国际数学家大会上，法国数学家庞加莱自豪地说："今天在分析中……我们可以宣称绝对的严密已经实现了。"

10.2 罗素悖论和第三次数学危机

图 10-3 罗素

正当数学家们为已经取得的成就而欢庆的时候，英国数学家罗素（见图 10-3）却出人意料地给出一个悖论。

1900 年前后，集合论中先后出现 3 个悖论：康托悖论、罗素悖论和布拉里-弗蒂悖论。这些悖论，特别是罗素悖论，在当时的数学界和逻辑学家中引起了极大的震动。罗素悖论的大意是：

构造一个集合 S，它由所有不含自身作为元素的集合所组成。试问 S 属于 S 吗？如果 S 属于 S，则根据 S 的定义，S 应该不属于 S；如果 S 不属于 S，则同样

根据 S 的定义，S 应该属于 S。无论怎样都会出现矛盾。

这就是罗素悖论，罗素发现这个悖论后十分沮丧地说："每天早晨，我面对一张白纸坐在那儿，除了短暂的午餐外，我一整天都盯着那张白纸。常常在夜幕降临之际，仍是一片空白……似乎我的整个余生很可能就消耗在这张白纸上。让人更加烦恼的是，矛盾是平凡的。"[60]

事实上，陷于这种烦恼的并不是罗素一个人，而是整个数学基础的研究工作者，因为，随着集合论的发展，集合论已经成为整个数学的基础。当时的人们普遍认为，由于集合论建立在明显的直觉之上，这个理论的可靠性是没有问题的。因此，只要把全部数学理论建立在集合论之上，数学的可靠性问题也就解决了。但是，正当这种以集合论为基础的数学大厦即将完成的时候，罗素悖论的出现表明，集合论本身是存在矛盾的，这样，刚刚完成的数学大厦的奠基石，就像弗雷格所说的"崩塌下来了"。

今天，我们已经弄清楚了罗素悖论产生的原因是，康托建立的集合论在其他方面都很严谨，唯独没有严格的定义集合。康托把集合论建立在一个描述性的基础上，什么是集合？康托的定义是，集合就是把一些具有某种性质的对象聚集起来的总体。具体地说：把凡是满足某种性质 $p(x)$ 的对象 x 聚集起来就构成一个集合，记作 $\{x:p(x)\}$，这就是康托集合论的概括原则。

换句话说，在康托的集合论中可以用一句话就定义一个集合。罗素抓住了康托集合论的这一弱点，用"所有不属于自身的集合"这句话去定义集合，于是引出了罗素悖论。为了消除罗素悖论，数学家开始对集合的概念加以限制，由于当时希尔伯特刚为欧氏几何成功地建立了公理系统，因此人们认为采用公理化的方法对集合作一些必要的规定是合适的，于是一些集合论的公理系统应运而生。其中最有代表性的是策梅罗和弗兰克尔建立的 ZFC 公理系统。公理集合论的建立使罗素悖论得以消除。

罗素悖论虽然消除了，但由此引发的人们对数学基础的担忧并没有消除，罗素悖论为什么会引起如此大的震动呢？希尔伯特在《论无限》一文中对这个问题是这样论述的："必须承认，在这些悖论面前，我们目前所处的情况是不能长期忍受下去的。人们试想：在数学这个号称可靠性和真理性的模范里，每个人所学的、教的和应用的那些概念结构和推理方法竟会导致不合理的结果。

如果甚至于数学思考也失灵的话，那么应该到哪里去寻找可靠性和真理性呢？”[61]

20 世纪初，由罗素悖论引发了一场关于基础数学的争论，数学家称其为第三次数学危机。这场争论吸引了大批数学、逻辑学和哲学界的知名学者参与，于是“数学巨人之间为关于数学基础的新数学方法而爆发了一场战争。”

在激烈的争论中形成了三个主要学派：逻辑主义、直觉主义和形式主义。

10.3 逻辑主义学派

逻辑主义的代表人物有德国数学家、逻辑学家弗雷格，英国数学家、逻辑学家怀特海和罗素等人，他们主张：数学可以化为逻辑，是逻辑的一个分支。他们认为，可用纯逻辑概念定义出数学的原始概念，然后根据逻辑规则推演出全部数学，进而一举解决数学的可靠性问题。

弗雷格认为，逻辑化可以使数学建立在一个可靠的基础上，他认为集合论是属于逻辑范畴的对象，从集合论出发可以构造全部数学理论。为此他迈出的第一步是定义自然数，他认为自然数是可以与之一一对应的集合的集合，例如，把 3 定义为所有由三元素组成的集合。这样自然数的概念被划为逻辑概念，自然数理论也就建立在逻辑基础之上了。接下来弗雷格打算从逻辑出发把全部数学（除几何外）逻辑化，这就是他在《论数学基础》一书中准备实现的目标。弗雷格认为，逻辑原则是完全可靠的，一旦完成了逻辑化工作，数学就被固定在一个永恒的基础之上了。

然而，正当弗雷格的《论数学基础》的第二卷准备出版的时候，罗素悖论出现了，弗雷格曾这样描述自己由于罗素悖论而处于的困境。“对一个科学家来说，没有一件事情是比下列事实更为扫兴的了。即当他的工作刚刚完成的时候，突然它的一块奠基石崩塌下来了。当本书（这里指弗雷格所著的《论数学基础》的第二卷）的印刷快要完成时，罗素先生给我的一封信使我陷于同样的境地”。罗素悖论的出现，动摇了集合论的根据，弗雷格数学基础的研究也失去了意义，弗雷格陷入极大的困惑，在消沉中度过了以后的十几年，并最终宣布放弃他所倡导的逻辑主义立场。

罗素认为，集合论是逻辑的一部分，在数学和逻辑学之间划不出一条明显的界线，两者实际上是一门学科。他说，逻辑与数学的不同就像儿童与成人的不同，逻辑是数学的少年时代，数学是逻辑的成人时代。集合论的悖论出现后，罗素开始研究如何来消除这些悖论，在1903年出版的《数学原理》中，他增加了一个附录，提出用类型论作为解决悖论的方案。

罗素相信，只要按照严格的规定一步步地展开数学，悖论就完全可以避免。罗素与怀特海合作，两人经过极其艰苦的工作，三卷本巨著《数学原理》终于在1913年之前陆续出版。《数学原理》一开始提出几个不加定义的概念和一些逻辑公理，由此推出逻辑规则。第二步用逻辑概念推出数，但演绎过程非常复杂，直到在第一卷的360多页才给出1的定义。庞加莱曾经挖苦说："这是一个令人钦佩的定义，把它献给那些从来不知道1的人。"

庞加莱的话虽然带有讽刺意味，但他确实指出了《数学原理》的一个缺陷。数学中原本很容易建立的概念和推理，在《数学原理》中都不得不小心翼翼地前行，许多数学家都难以接受这种繁琐的方法。罗素也不回避这个问题，后来在回忆这部书的写作过程时，他说："我们中的任何一个人都不能单独完成这部著作。甚至在一起，通过相互讨论来减轻负担，这个负担也是如此的沉重，以至于最后，我们都以一种厌恶的心情来回避数理逻辑了。"

除了繁琐的方法之外，许多数学家不接受逻辑主义还有一个原因，他们怀疑把全部数学划归为逻辑的现实可能性。

逻辑主义学派所设定的目标一般而言是无法实现的，因为数学毕竟不是逻辑学，虽然数学比其他的学科更多地使用逻辑，但数学的实质内容是不能全部化为逻辑的。数学与逻辑有共性且相互交叉和相互渗透，但本质上是不同的学科。罗素本人最后也不得不承认："我所一直寻找的数学的光辉的确定性在令人困惑的迷宫中丧失了。"

10.4　直觉主义学派

与逻辑主义相对立的一个学派是直觉主义，这个学派的代表人物是德国数学家克隆尼克和荷兰数学家布劳威尔（见图10-4）。

图 10-4 布劳威尔

该学派认为，数学的可靠基础是心灵的直觉而不是逻辑。克隆尼克认为，只有直觉地感受到的东西才是有意义的，自然数就是这样的东西。他有一句名言是“上帝创造了自然数，其他的都是人造的。”意思是说，只有自然数是起初存在的，是最可接受的，其余都不过是人为创造的文字符号，是不可信的。在他看来，数学的可靠性既不是逻辑，也不是经验，而是一种带有构造性的直觉。只有那些通过有限步骤清楚地构造出来的东西，才可作为数学研究的对象，他反对 π 和 e 这样的超越数，因为它们不能通过有限步骤清楚地构造出来。

集合论的悖论发生后，直觉主义的影响日益扩大，并且得到一些数学家的支持，荷兰数学家布劳威尔是其中的一个代表。布劳威尔发展了克隆尼克的观点。布劳威尔认为，逻辑是从数学派生出来的，逻辑不过是一种具有特殊的一般性的定理，也就是说，逻辑只是数学的一部分，而绝不能作为数学的基础。他有一个著名的观点：逻辑依赖于数学，而不是数学依赖逻辑。

对于数学可靠性的基础，布劳威尔认为，只有建立在直觉之上的数学才是真正可靠的，他认为，从原始的数学直觉中产生的所有的有穷序数(即潜无穷意义上的自然数)是可靠的，布劳威尔主张以自然数理论为基础展开他的数学理论。

直觉主义学派还把批判的矛头指向传统逻辑中的排中律，认为排中律的使用是集合论中产生悖论的原因。直觉主义的主张导致他们对古典数学的严厉批判，结果是相当部分古典数学要被抛弃。事实上，古典数学作为一个整体已被人类实践证明是合理的，对它进行肢解并抛弃一部分是行不通的。苏联数学家马林曾说：“我们需要的是探讨创造性思想的创造性方法，而不只是批判性的东西。”对于禁止使用排中律，希尔伯特是这样说的：“禁止数学家使用排中律就像禁止天文学家使用望远镜及拳击家使用自己的拳头一样。”

10.5　希尔伯特的形式主义与哥德尔不完备定理

解决数学基础问题的第三种方案是与逻辑主义和直觉主义相对立，但又是在前面两个方案的基础上提出来的，这就是被称为形式主义的希尔伯特纲领。

图 10－5　希尔伯特

1917 年，希尔伯特（见图 10－5）向苏黎世数学学会作了题为《公理化思想》的演讲，此后他又在一系列讲演和论文中阐述他关于数学基础的形式主义思想。

与逻辑主义和直觉主义一样，希尔伯特关于数学基础研究也是由集合论悖论的出现而引起的；但是，和直觉主义不同的是，希尔伯特认为，“我们应当尽可能地保存已有的概念和方法，特别是实无限的概念和方法”。具体地说，希尔伯特指出，我们可以把无限性的数学对象看成是一种不具有任何真实意义的“理想元素”，只要能证明这种包含了理想元素的数学理论是无矛盾的，数学的可靠性问题就解决了。因为，这种无矛盾性的证明是关于证明（结构）的证明，因此，这种证明就被称为“证明论”，或关于“元数学”的证明。

为了实现上述证明，希尔伯特提出了把数学理论组织成“形式系统”的想法。1922 年，希尔伯特在《数学的新基础》一书中，初步展开了他处理数学基础问题的思想方法，即把数学理论看成按照明确的法则对由符号所组成的公式进行变形的系统。这也是人们把希尔伯特学派称为形式主义学派的原因。

形式主义学派企图一劳永逸地为数学寻求一个统一的、坚实的基础。形式主义学派形成时，基础数学又有了很大的发展，集合论和超穷数理论已被数学家普遍接受，继弗雷格的初等逻辑形式系统之后，罗素的大逻辑系统 PM 和策梅罗的公理集合论系统 ZF 都已经形成。同时，到了 1920 年代末，命题逻辑、一阶谓词逻辑以及有加法和乘法的一阶算术系统陆续被证明是完全的，即在这些系统中一切真命题都是可以证明的。希尔伯特设想把全部数学归结为有限主义数学，所谓的有限主义数学是指只研究具体的对象并用构造主义的证明方法，希尔伯特希望用这种方法证明全部数学的和谐性。

其后，希尔伯特在德国自然科学家协会在莱比锡召开的会议上，发表了关于数学基础的重要演讲，在乐观地宣布数论的无矛盾性证明之后，希尔伯特列出了亟待解决的 4 个问题：

问题 1：分析基本部分的无矛盾性。

问题 2：把问题 1 推广到高于二阶函数项演算。

问题 3：数论和分析公理系统的完备性。

问题 4：逻辑规则系统的完备性。

这就是著名的希尔伯特纲领。希尔伯特纲领展示了一项激动人心的事业，其目标是“一劳永逸地消除任何对数学基础可靠性的怀疑。”[62]

除了希尔伯特外，这项事业还吸引一批青年数学家，如阿克曼和冯·诺依曼等。一段时间内他们的工作进展顺利，他们似乎已经证明了数论的无矛盾性，并且似乎离到达的目标为期不远了。希尔伯特曾自信地断言：“利用这种新的数学基础——人们完全可以称之为证明理论，我将可以解决数学上所有的基础性问题。”[63]

正当希尔伯特学派的理想似乎就要实现了的时候，1931 年 1 月，哥德尔（见图 10-6）发表的一篇论文，给出一个出人意料的结果，将希尔伯特纲领中的 4 个问题否定了 3 个，文章的结论，即哥德尔的不完备性定理向世人宣告，希尔伯特的理想是不能实现的。

图 10-6　哥德尔

大家都知道，亚里士多德是古希腊最伟大的思想家，他创建了古典的形式逻辑，被西方称为“逻辑学之父”。有人认为，在 20 世纪能与亚里士多德相媲美的逻辑学家只有哥德尔一人。哥德尔的不完备性定理是“整个数理逻辑史中最伟大的单项工作”,也是20世纪最杰出的划时代的数学成就之一。

哥德尔于1906年4月28日生于当时属于奥匈帝国的布尔诺,他于14岁那年读了一本初等微积分,对数学开始产生了兴趣。1924年高中毕业后,进入维也纳大学学习物理,由于他对数学和哲学感兴趣,后来他从物理转向数学,转向数理逻辑。

哥德尔一生的研究工作大体可分为两个时期。1929—1943年主要研究数理逻辑和数学基础。1944年以后更多地研究哲学问题。著名的不完备性定理是哥德尔在1930年代完成的。

哥德尔定理的大意是:任何一个形式系统都是不完备的,即在这个系统内,总是存在着既不能证明也不能否定的命题[64]。

哥德尔的定理否定了希尔伯特纲领,这个定理表明希尔伯特学派原来意义下的目标是达不到的,而且,哥德尔定理也了结了三个学派之间的争论,或者说,使原来的一些争论失去了重要意义。

对于哥德尔定理,有人是这样评价的:“哥德尔的发现似乎具有更加深远的影响。在西方传统中,从毕达哥拉斯学派和柏拉图起,数学作为理性所能把握的东西的楷模,本身一直是理性主义的中心堡垒。现在,哥德尔的发现却表明,即使是在最精确的科学中,在理性似乎万能的这一领域,人也不能逃脱其本质的有限性:他构建的每个数学体系都注定是不完备的。哥德尔表明数学包含着不可解决的问题,因此,绝不可能成为一个完备的体系……数学家现在知道,他们是永远不可能到底的,事实上,也没有一个所谓的底。”

哥德尔定理让希尔伯特的计划破产了,使一些数学家感到失望。但从哥德尔定理,我们可以获得许多启发。

10.6 历史上的著名悖论和哥德尔定理给我们的启示

哥德尔定理表明,人类认识真理的过程是永无止境的,企图一劳永逸地建立“终极理论”的想法是不可能实现的。哥德尔定理告诉我们,任何一个数学理论都不是完美无缺的终极理论,在一个公理化的数学系统中,总可以找到一个不可判定的问题,我们既不能证明它,又不能否定它。若想解决这个问题,就需要扩展公理体系，扩大知识领域。而且，哥德尔定理还告诉我们，在扩展后的公理系统中，还存在着不可判定的问题。

另外，哥德尔定理对我们研究解决悖论也有启示作用。科学中出现的悖论是一个与科学发展有着紧密关系的重要问题。悖论问题由来已久，有两个问题需要引起我们的注意：

(1) 研究悖论必须明确悖论所对应的理论。

根据悖论定义，悖论不是一个单独的命题，而是针对某个确定的理论而言的，脱离指定的理论去讨论悖论是没有意义的。

以 $\sqrt{2}$ 悖论为例，这个悖论是对应于有理数理论的，当时古希腊人认为，所有的数都是有理数，任意两个量的比都可以用整数或整数之比表示出来，希帕索斯悖论的出现表明，只有有理数是不够的，还需要引入无理数的概念。因此，$\sqrt{2}$ 悖论对于有理数域来说它是一个悖论，但对于实数域来说，就不存在这个悖论。

再以罗素悖论为例，这个悖论是针对康托的朴素集合论而言的，只有在康托集合论中它才是一个悖论。如果把这个问题放到公理集合论中讨论，因为在公理集合论中不允许用罗素的方法定义集合，因此也就不存在所谓的罗素悖论。所以脱离了康托的朴素集合论，去讨论罗素悖论也是没有意义的。

总之，任何一个悖论都有与其相对应的理论，只有在这个理论范围内研究悖论才有意义。如果脱离了悖论所在的理论去讨论悖论，这样研究悖论是没有意义的。

(2) 悖论出现的原因是理论中缺少了某个重要的概念，当引入新的概念后，悖论便可以消除。

科学理论中为什么会出现悖论呢？哥德尔定理告诉我们，当一个公理体系不完善时，理论中就可能出现悖论。通过对公理的修改和扩充，向公理系统注入新的思想和内容，悖论就可以消除。

仍以希帕索斯悖论为例，这个悖论的出现说明有理数理论是不完备的，数的概念还需要发展、需要扩充，当数学家们建立起无理数的理论后，希帕索斯悖论便得以消除。这说明，希帕索斯悖论的出现是因为当时的数学中没有无理数的概念，引进无理数后悖论就消除了。

再比如，芝诺悖论是由于当时数学理论中没有极限概念，引入极限思想、建立极限理论后，包括芝诺悖论在内的由无穷小引发的那些悖论，都得以消除。

由此可见，当某个理论出现悖论后，应该首先想到现有的理论可能是不完善的，其中缺少某一重要思想或概念。

奥地利学者班格特·汉生(Benguet Hansen)认为，一些悖论的性质和数学上的方程没有解一样，在算术中是靠引进新数，扩大数系来解决的，例如：$x+1=0$，在正整数系里无解，扩大到有理数系就有解了；$x^2+1=0$，在实数系里无解，扩大到复数系时便有解了。因此，向理论中注入新的思想或引进新的概念，是解决悖论的一个重要方法。

第11章 孪生子悖论揭示出狭义相对论存在的问题

公理化方法作为一种重要的科学方法，不仅广泛应用于数学，而且也可以应用于物理学。爱因斯坦的狭义相对论就是一个公理化的理论，然而，狭义相对论建立至今，还很少有人从这一角度进行研究，因此，从公理化的角度分析和研究狭义相对论，是一个有重要意义的课题。

11.1 《几何原本》是公理化的典范，牛顿力学和爱因斯坦相对论都深受其影响

《几何原本》是用公理化方法完成的第一部著作，也是至今流传最广、影响最大的一部数学名著。读过这本书的人，对科学的看法，对证明方法的理解，对定理按逻辑次序的排列，都会学到很多东西。《几何原本》从很少几个定义、公设、公理出发，运用演绎推理的方法，从已得到的命题推出后面的命题，这是一种很严谨的逻辑结构，欧几里得所创立的这一方法，即公理化方法对其后自然科学的发展产生了深远影响，成为现代科学的重要方法之一。牛顿力学和爱因斯坦相对论都深受其影响。

牛顿把欧几里得的几何模式成功地移植到物理学，开创了近代物理学的公理化方法，对近代科学的发展产生了深远的影响。牛顿既重视数学推理，又

尊重科学实验，他从实验出发，把科学实验作为治学的指导思想。同时，牛顿又深受传统的熏陶，坚信自然界是按照数学规律运动着，因此，物理概念必须从数学原理上加以说明。牛顿高度赞扬《几何原本》从少数原理出发，推导出丰富的结果。在 H. W. Turnbull 编辑的"未发表的牛顿论文"中，有一篇是牛顿 1684 年写的"论运动"的手稿，这是牛顿最早运用欧几里得公理思想写出的著作，文中提出了 19 个定义，其中包括时间、空间、重力、运动、静止和惯性等，牛顿以此为根据，展开了科学论述。这篇文章为牛顿的《自然哲学的数学原理》和《光学》的写作准备了条件。

牛顿的《自然哲学的数学原理》效仿了欧几里得《几何原本》的体系和风格，《自然哲学的数学原理》包括以下三方面内容：

首先，开篇牛顿就给出了定义、公理或运动的定律，这部分内容与万有引力定律一起，构成了牛顿力学的公理体系，其中包括牛顿力学的基本概念（例如质量、时间、空间、惯性、力和动量等）牛顿运动三定律和万有引力定律[65]。

然后，根据运动定律和万有引力定律，牛顿用演绎推理的方法，推导出各个领域的具体的物理理论，例如，若质点为流体，就可以建立流体力学理论。

最后，牛顿用他的理论来解释宇宙体系。在《自然哲学的数学原理》中牛顿写道："本书第一、第二两篇中的一些普遍命题就是为了这个目的而提出的。在第三篇中，我为此举了一个例子，那就是用它来说明宇宙这个体系；因为，我根据前两篇中数学上已论证了的命题，在第三篇里我从天文现象中推导出使物体趋向和几个行星的重力，然后根据其他同样是数学上论证了的命题，从这些力中推演出行星、彗星月球和海潮的运动，我希望能用同样的推理方法从力学原理推导出自然界的许多其他现象。"

同样，在《光学》中，牛顿也采用典型的欧氏几何的公理化方法，沿着定义—定理—命题的方式，展开了论述，他在第一部分列出定义、定理和命题各 8 个，在第二部分列出定理 11 个[66]。

牛顿的公理化方法为近代科学的发展奠定了基础，在牛顿以后的两百年里，科学家们基本上按照牛顿所指出的"用同样的推理方法推导出自然界的许多其他现象"，进而推进了经典物理学的发展，并取得了辉煌的成就。

在牛顿之前公理体系只有一个，即欧几里得几何学。牛顿把公理化方法从几何学推广到物理学，成功地构造了一个公理化的力学理论——牛顿力学，实现了近代力学基本规律的数学化，第一次真正使力学成为一门定量的科学。《自然哲学的数学原理》作为这方面的范本，不仅直接引导出拉普拉斯的《天体力学》和拉格朗日的《分析力学》，而且，对麦克斯韦的电磁理论也有重要的影响。

欧几里得的公理化方法不仅影响了牛顿，对爱因斯坦也有很大的影响，爱因斯坦建立相对论时所采用的方法就是公理化的方法。

爱因斯坦晚年在“自述”中回忆说，在他 12 岁的时候，经历了人生中的“第二次惊奇”。在此之前，爱因斯坦从他叔叔雅可布那里得到一本平面几何学的书，他怀着热切的心情学习了它，平面几何学对他有深深的吸引力，感到一种心灵深处的震撼。爱因斯坦写道：“在 12 岁时，我经历了另一种性质完全不同的惊奇：这是在一个学年开始时，当我得到一本关于欧几里得平面几何的小书时所经历的。这本书里有许多断言，比如，三角形的三个高交于一点，它们本身并不是显而易见的，但是可以很可靠地加以证明，以致任何怀疑似乎都不可能。这种明晰性和可靠性给我造成了一种难以形容的印象。”

1933 年，爱因斯坦在英国牛津大学作了《关于理论物理学的方法》的报告，在这篇报告中爱因斯坦说：“我们推崇古代希腊是西方科学的摇篮。在那里，世界第一次目睹了一个逻辑体系的奇迹，这个逻辑体系如此精密地一步一步推进，以致它的每一个命题都是绝对不容置疑的——我这里说的是欧几里得几何。推理的这种可赞叹的胜利，使人类理智获得了为取得以后的成就所必需的信心。如果欧几里得未能激起你少年时代的热情，那么你就不是一个天生的科学思想家。”[67]

由此可见，爱因斯坦和牛顿一样，都深受欧几里得公理化思想的影响，爱因斯坦狭义相对论也是效仿欧几里得公理化方法建立起来的理论。

1905 年，爱因斯坦《论动体的电动力学》论文的发表，标志着狭义相对论的建立，物理学从此进入了一个新的时代。

11.2 《论动体的电动力学》简介

《论动体的电动力学》一文分成两部分：

第一部分是运动学，文中讨论了同时性、相对性、坐标和时间的变换、速度的相加以及对一些方程的解释。

第二部分是电动力学，文中讨论了如何变换麦克斯韦方程，解释相对论的多普勒效应以及解释恒星的光行差。

爱因斯坦的《论动体的电动力学》的第1节的标题是同时的定义。在这一节，爱因斯坦讨论了时间的同时性，即时钟的校准问题。

要定义时间，首先要确定两个同时的事件，说“那列火车10点钟到达”，指的是当你的表指针正好指到10时，火车刚好停在站台，表指针指到10与火车到站两个事件同时发生。换句话说，人们是用表的指针位置来定义时间的。

如果事件发生在同一地点，可以用一只表定义时间。然而事件不止发生在一个地点，用一只表定义就不够了。要定义时间，必须在不同地点放上一系列的时钟，通过校准，使这一系列的时钟同步。

爱因斯坦假定光速不变，然后利用光信号对同时性进行定义：一个事件在某处发生的时间，就是这个事件发出的光信号到达一个时钟的时间，减去光信号通过这段距离所需要的时间。例如，我们收到一个从某地发出的光信号时，钟面上的读数是10时1分，我们知道光信号从某地传到这里需要1 min，那么，我们就可以确定这个光信号在该地发出的时间是10时整。

根据上述思想，爱因斯坦给出了校准不同地点的时钟的方法，爱因斯坦写道：

“如果在空间的A点有一个钟，在A点的观察者只要在事件发生的同时记下指针的位置，就能确定A点最邻近的事件的时间值。若在空间的另一点B也有一个钟，此钟在一切方面都与A钟类似，那么在B点的观察者就能测定B点最邻近处的事件的时间值。但是若无其他假设，就不能把B处的事件同A处的事件的时间关系进行比较。到目前为止我们只定义了‘A时间’和‘B时间’，还没有定义A和B的公共‘时间’。只有当我们通过定义，把光从A到B所需要的‘时间’规定为等于从B到A所需要的‘时间’，我们才能够定义A和B的公共‘时间’。”

接着爱因斯坦写道(注：为了使本书的符号一致，这里没有采用爱因斯坦文中的符号)：设在“A时间”t_{A1}从A发出一道光线射向B，它在“B时间”t_B又

从 B 被反射向 A，而在“A 时间”t_{A2} 回到 A 处。如果

$$t_B - t_{A1} = t_{A2} - t_B \tag{11-1}$$

那么，这两只钟按定义是同步的。式(11－1)还可以写成

$$t_B = \frac{t_{A1} + t_{A2}}{2} \tag{11-2}$$

爱因斯坦把 t_B 定义为 B 点与 A 点同时的时刻。

由于后面将要用到同步的概念，这里有必要对它作些解释，爱因斯坦指出，同步性的定义适用于任何数目的时钟，并且具有以下性质：

(1) 假设 B 处的钟与 A 处的钟同步，则 A 处的钟也与 B 处的钟同步。

(2) 假设 A 处的钟与 B 及 C 处的钟同步，则 B，C 两处的钟彼此也同步。

利用时空图，我们可以比较清楚地看出“时钟同步”的含义，即式(11－2)的物理意义(见图 11－1)。利用式(11－2)，爱因斯坦解决了如何理解位于不同地点的同步钟的问题，并且得到了“同时”或“同步”以及时间的定义。

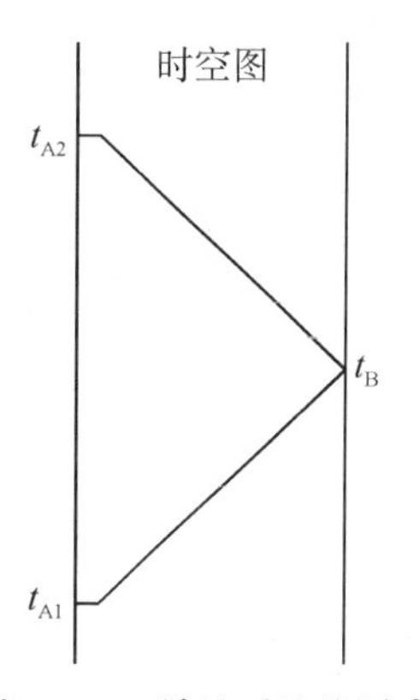

图 11－1　异地时钟的同步

《论动体的电动力学》的第 2 节是关于长度和时间的相对性。这一节讨论的是做相对运动的两个惯性参考系之间，对长度和时间的看法不同。根据相对性原理和光速不变原理爱因斯坦得出：

让我们观测时钟，从 S 系看，它的各点的时钟都是校准好的，同步的；可是与参考系一起运动的观测者来看，S 系不同地点的两个钟并不同步，一个走得快，一个走得慢。用相对性原理和光速不变原理进行考察，不同的惯性系没有共同的时间，两个事件的同时没有绝对的意义。也就是说，在一个惯性系看，有两个事件是同时发生的，在另一个惯性系看，两个事件不是同时发生的。

爱因斯坦认识到两个事件的同时性没有绝对的意义，时间和长度都只有相对的意义。接着爱因斯坦要找出不同惯性系之间的时空坐标的变换关系，这就是《论动体的电动力学》第三节的内容。爱因斯坦从相对性原理和光速不

变原理出发，推导出了两个惯性系之间的新的变换关系。

设 S 和 S' 为两惯性参考系。为简单起见，进一步假设，坐标轴 x 与坐标轴 x' 重合，S' 以速度 u 相对 S 做匀速直线运动，y' 轴平行于 y 轴，z' 轴平行于 z 轴，在初始时刻两坐标轴原点重合，即 $t = t' = 0$ 。

设在时空的 P 点发生一个事件，根据 S 中观察者的记录，事件是在 t 时刻位于空间点(x, y, z)发生的，而根据 S' 中观察者的记录，事件则是在 t' 时刻，位于空间点(x', y', z')发生的。现在要问，两组时空坐标之间的变换关系是什么？

爱因斯坦推导出的一个新的变换公式，这个公式今天被称为洛伦兹变换公式，在此之前，洛伦兹已经提出了这个公式：

$$x' = \frac{x - ut}{\sqrt{1 - \frac{u^2}{c^2}}} \tag{11-3a}$$

$$y' = y \tag{11-3b}$$

$$z' = z \tag{11-3c}$$

$$t' = \frac{t - \frac{ux}{c^2}}{\sqrt{1 - \frac{u^2}{c^2}}} \tag{11-3d}$$

同样利用狭义相对性原理和光速不变原理还可以推导出一组逆变换公式：

$$x = \frac{x' + ut'}{\sqrt{1 - \frac{u^2}{c^2}}} \tag{11-4a}$$

$$y = y' \tag{11-4b}$$

$$z = z' \tag{11-4c}$$

$$t = \frac{t' + \frac{ux'}{c^2}}{\sqrt{1 - \frac{u^2}{c^2}}} \tag{11-4d}$$

洛伦兹变换是狭义相对论中一个最重要的公式，接下来爱因斯坦利用上述变换公式，推导出一些结果。

11.3　孪生子悖论只有在狭义相对论中讨论才有意义

孪生子悖论出现后，爱因斯坦和一些相对论学者提出孪生子问题不是一个悖论，这个问题借助非惯性坐标系是可以解决的。他们给出的理由是：在孪生子问题中，飞船上的哥哥必须经历加速、减速、改变方向、转动等运动过程，所以严格地说，哥哥并不在惯性坐标系中，要解决这一问题，不仅需要狭义相对论中关于时间延迟的理论，还需要借助非惯性坐标系进行处理。

爱因斯坦和相对论学者们对孪生子悖论的解释正确吗？

要回答这一问题，我们需要首先弄清什么是悖论，按照前面的讨论，悖论不是一个单独的命题，而是针对某个确定的理论而言的，脱离指定的理论去讨论悖论是没有意义的。孪生子悖论只有在狭义相对论中讨论才有意义，另外，比较两个孪生兄弟哪一个年轻，也没有必要让飞船返回来。

我们知道，孪生子问题的本质是比较两个坐标系中的时钟，究竟哪个时钟变慢了。具体地说，设 S 为地球参考系，S' 为飞船参考系，飞船 S' 以速度 u 相对 S 做匀速直线运动。假设在两个参考系中各有一个时钟，在初始时刻两个时钟记录的时间相同，即 $t=t'=0$，孪生子问题实际上是问这两个时钟哪一个走得慢一些？

对于上述问题根本不需要考虑非惯性系，因为，爱因斯坦在《论动体的电动力学》一文中，已经给出了比较两个时钟的原则，即式(11-2)，根据这个原则我们可以用如下方法比较两个时钟的快慢：

假设地球所在位置为 A 点，地球坐标系 S 中的弟弟在 t_{A1} 时刻，发出一个光信号，飞船坐标系 S' 中的哥哥收到这一信号时，飞船所在位置为 B 点，飞船上的钟记录的时间为 t'_B 时刻，飞船收到信号后，自动仪器立即将坐标系 S' 中的时间 t'_B 用光信号传递给弟弟，设弟弟收到信号的时刻为 t_{A2}。利用上面这些数据，弟弟就可以判断地球上的钟和飞船上的钟，究竟哪一个走得慢了，判断方法如下：

根据式(11－2),弟弟可以求出,当飞船经过B点时,假设在B点处有一个与A同步的钟,这个钟所显示的时刻为$t_{B}=\frac{t_{A1}+t_{A2}}{2}$,而飞船坐标系$S'$的钟显示的时间为$t'_{B}$。于是,比较地球上的钟和飞船上的钟哪一个走得慢,这个问题现在变成比较t_{B}和t'_{B}这两个数值。

如果,$t_{B}=t'_{B}$,说明地球上的钟和飞船上的钟是同步的。如果两个钟不是同步的,那么,根据t_{B}和t'_{B}这两个数值的大小就可以知道地球上的钟和飞船上的钟究竟哪一个走得慢了,与这个时钟处于同一坐标系的人就年轻一些。由此可见,比较两个孪生兄弟哪一个年轻,根本不需要让飞船S'返回来,只需利用光传递信息,就可以确定哪一个钟走得慢了。如果让飞船返回,考虑什么加速、减速、返回等过程,考虑了这些因素,反而脱离了孪生子问题的本质,还把问题复杂化了。

总之,孪生子问题是由惯性系的坐标变换引出的矛盾,这个矛盾就应该在惯性坐标系内解决,即在狭义相对论中解决。如果脱离狭义相对论,把它放到广义相对论中去讨论,这样的讨论是没有意义的。

11.4　在狭义相对论中可以推导出两个相互矛盾的时间公式

11.3节的讨论表明,孪生子问题等价于下面这个问题:

设S为地球参考系,S'为飞船参考系,飞船S'以速度u相对S作匀速直线运动。假设在两个参考系中各有一个时钟,在初始时刻两个时钟记录的时间相同,即$t=t'=0$,现在我们问这两个时钟哪一个走得慢一些?

对于这个问题,在物理上是有明确结果的,即利用光通信传递信号,就可以确定哪个时钟走得慢了。然而,狭义相对论对于这个问题却不能给出明确的答案。

现在我们论证,利用狭义相对论的洛伦兹变换公式,可以推导出两个相互矛盾的结果。

假设有两个事件P_1和P_2,它们在参考系S中的时空坐标分别为(t_1,x_1,y_1,z_1)和(t_2,x_2,y_2,z_2),把时空坐标分别代入洛伦兹变换公式(11－3d)可得

$$t'_1=\frac{t_1-\frac{ux_1}{c^2}}{\sqrt{1-\frac{u^2}{c^2}}}$$

$$t'_2=\frac{t_2-\frac{ux_2}{c^2}}{\sqrt{1-\frac{u^2}{c^2}}}$$

将上述二式相减，即用后式减去前式，可以得到两事件在参考系 S' 中的时间公式为

$$\Delta t'=t'_2-t'_1=\gamma\left(\Delta t-\frac{u}{c^2}\Delta x\right) \tag{11-5}$$

其中

$$\gamma=\frac{1}{\sqrt{1-\frac{u^2}{c^2}}}$$

在参考系 S 的观测者认为自己处于静止状态，因此有

$$\Delta x=0 \tag{11-6}$$

把式(11－6)代入式(11－5)可得

$$\Delta t'=\gamma\Delta t=\frac{\Delta t}{\sqrt{1-\frac{u^2}{c^2}}}>\Delta t \tag{11-7}$$

式(11－7)是坐标系 S 中的观测者给出的结果，坐标系 S 中的观测者认为自己是静止的，于是由 $\Delta x=0$，推导出 $\Delta t'>\Delta t$，即在坐标系 S' 中时间延长了，因此，坐标系 S' 中的钟走得慢。

然而，在坐标系 S' 中的观测者却推导出另外一个结果，假设有两个事件 P_1 和 P_2，它们在坐标系 S' 的时空坐标分别为 (t'_1, x'_1, y'_1, z'_1) 和 (t'_2, x'_2, y'_2, z'_2)，把时空坐标分别代入洛伦兹逆变换公式(11－4d)可得

$$t_1 = \frac{t'_1 + \frac{ux'_1}{c^2}}{\sqrt{1-\frac{u^2}{c^2}}}$$

$$t_2 = \frac{t'_2 + \frac{ux'_2}{c^2}}{\sqrt{1-\frac{u^2}{c^2}}}$$

将上述二式相减，可以得到两事件在坐标系 S 中的时间公式为

$$\Delta t = t_2 - t_1 = \gamma\left(\Delta t' + \frac{u}{c^2}\Delta x'\right) \tag{11-8}$$

在坐标系 S' 中的观测者认为自己处于静止状态，因此有

$$\Delta x' = 0 \tag{11-9}$$

把式(11－9)代入式(11－8)可得

$$\Delta t = \frac{\Delta t'}{\sqrt{1-\frac{u^2}{c^2}}} > \Delta t' \tag{11-10}$$

式(11－10)是坐标系 S' 中的观测者给出的结果。坐标系 S' 中的观测者认为自己是静止的，于是由 $\Delta x'=0$，推导出 $\Delta t > \Delta t'$，即在坐标系 S 中时间延长了，因此，坐标系 S 中的钟走得慢。

前面我们指出，孪生子悖论的本质是问：在两个惯性坐标系中哪一个参考系的时间变慢了。

对于这个问题，狭义相对论给出了两个结果：式(11－7)和式(11－10)，而且这两个结果是相互矛盾的。式(11－7)是参考系 S 中的观测者给出的结果，参考系 S 中的观测者认为自己是静止的，把 $\Delta x = 0$ 代到洛伦兹变换中，便可推导出 $\Delta t' > \Delta t$，即在参考系 S' 中时间变慢了。而式(11－10)是参考系 S' 中的观测者给出的结果，参考系 S' 中的观测者认为自己是静止的，然后利用洛伦兹逆变换，可以推导出 $\Delta t > \Delta t'$，即在参考系 S 中时间变慢了。

总之，在狭义相对论中，人们利用洛伦兹变换及其逆变换，可以推导出两

个相互矛盾的公式,而且整个推导过程是没有错误的,由此可见,孪生子问题完全符合悖论的定义,因此可以说,孪生子问题确实是狭义相对论的一个悖论,它揭示了在爱因斯坦狭义相对论中存在着相互矛盾的结果。

11.5　孪生子悖论说明在狭义相对论中缺少某个重要的东西

本章的讨论表明,孪生子问题揭示了在狭义相对论中确实存在相互矛盾的东西。根据哥德尔不完备性定理,悖论产生的一个主要原因是理论中缺少某一重要的东西。孪生子悖论的出现说明在狭义相对论中一定缺少某个重要的东西。那么,究竟缺少什么呢?

从 11.4 节的讨论我们不难发现,在爱因斯坦狭义相对论中没有给出“静止”的定义。由于没有静止的定义,一个物体是处于静止状态,还是处于匀速直线运动状态,爱因斯坦狭义相对论无法对这个问题作出明确的回答。于是出现了坐标系 S 中的观测者认为自己是静止的,另一个坐标系 S' 在运动,所以坐标系 S' 中的钟变慢了。而坐标系 S' 中的观测者也认为自己处于静止状态,坐标系 S 中的钟走得慢,孪生子悖论就这样产生了。

如果对这个问题做进一步的分析,我们发现,出现上述情况的深层次原因是,在爱因斯坦狭义相对论中没有给出“坐标系”的定义。

狭义相对论是关于惯性坐标系的理论,因此,惯性坐标系应该是狭义相对论中一个最基本的概念,然而,遗憾的是在狭义相对论中,爱因斯坦也没有给出惯性坐标系的定义。

我们知道,在牛顿力学里惯性坐标系是可以严格定义的,这是因为牛顿力学引入了一个重要的概念——绝对空间,有了这个概念就可以定义惯性系,惯性系是指相对于绝对空间静止或做匀速直线运动的坐标系。狭义相对论是建立在对牛顿绝对空间进行批判的基础上,爱因斯坦完全否定了牛顿的绝对空间,由此导致的后果是在狭义相对论中无法给出惯性系的定义。

因此,狭义相对论中没有给出坐标系的定义以及运动和静止这两种状态无法区分是孪生子悖论产生的原因。

第 12 章 笛卡儿的坐标方法

前面讨论表明，狭义相对论中没有坐标系的定义，这是孪生子悖论产生的主要原因，因此要解决孪生子悖论，我们需要对坐标系进行研究。坐标方法是笛卡儿（见图 12-1）首先提出的，以下几章，我们就从坐标的起源——笛卡儿坐标开始，对坐标概念的产生和发展的历史进行考察。

图 12-1 笛卡儿

12.1 笛卡儿和他的《几何学》

笛卡儿于 1596 年 3 月 31 日出生在法国图莱纳地区的莱依镇，笛卡儿的父亲是地方法院的评议员，按现代说法既是律师又是法官，有一定的社会地位。1597 年，笛卡儿的母亲去世，给他留下一笔遗产，使他一生中有了可靠的经济保障，得以从事自己喜爱的工作。

1616 年笛卡儿从大学毕业获得法律学位，此后他背离家庭的职业传统，开始探索自己的人生之路。

当时法国的许多年轻人在选择职业时，不是致力于宗教，便是投身军营，这种风气甚为盛行。这驱使笛卡儿于 1618 年前往荷兰从军。士兵的生活相当艰苦，笛卡儿从小身体虚弱，加上单调而机械的操练，使他兴趣索然，觉得无所事事。笛卡儿自己后来评论这段生活用词是“太空虚”。

据说，1618 年发生的一件事情成为笛卡儿人生的一个转折点。1618 年 11 月的一天，这一天休息，笛卡儿在街上散步时，看见一群人聚集在一张告示前面，议论纷纷。告示是用当地语言书写的，笛卡儿看不懂，便用法语向周围人打听。一位学者模样的人告诉他，告示上在征集一道数学难题的解答。这位学者说，如果你知道解答的话，请将答案告诉他。

第二天，笛卡儿敲开了这位学者的家门，递上了他的答卷。这位学者就是荷兰的哲学家、医生和物理学家 I·贝克曼。贝克曼一看答卷难题全部解答了，非常欣赏笛卡儿的数学才华。与贝克曼相识，对笛卡儿的人生轨迹产生了很大的影响，贝克曼向笛卡儿介绍了数学的最新进展，包括法国数学家韦达在代数方程论方面的工作，还给他许多有待研究的问题。后来，笛卡儿留在荷兰，在贝克曼的指导下研究数学，笛卡儿感到很愉快，学问也有了长进，并逐渐萌生了从事学术研究的念头。

当时正是欧洲历史上的第一次大规模的国际战争——30 年战争期间。笛卡儿最后决定避开战争，远离社会活动频繁的城市，寻找一处适宜从事研究的环境。1628 年，他移居荷兰，开始长达 20 年的潜心研究和写作生涯，这期间除短期出访外他一直在荷兰隐居。

1628 年，笛卡儿写了《探求真理的指导原则》；1633 年，写了以哥白尼学说为基础的《论世界》。在初稿即将完成之际，得知伽利略因宣传哥白尼学说而遭宗教裁判所的审判，笛卡儿遂取消了出版该书的打算。1637 年，笛卡儿完成了《方法论》一书，该书由一篇正文《科学中正确运用理性和追求真理的方法论》和三篇附录组成，三篇附录分别是《折光学》、《气象学》和《几何学》。此后笛卡儿又出版了《哲学沉思录》和《哲学原理》等著作。1649 年冬，笛卡儿应邀为瑞典女王授课，1650 年患肺炎，同年 2 月病逝。

笛卡儿在 1637 年发表的几何学是历史上最重要的数学著作之一，它带来了数学观念的革命，用代数表述几何学，求解几何学的问题，从而创立了一门新的学科——解析几何学。他的这一工作还为后来微积分的建立奠定了基础，并对牛顿力学的发展产生了深远的影响。

《几何学》一书共三篇，笛卡儿讨论的全是关于初等几何的作图问题，这些都是从古希腊起一直在研究的，新颖之处在于笛卡儿所使用的方法。在笛卡儿看来，希腊人的几何方法过于抽象，欧几里得几何中的每个证明，总要求某种新的奇妙的想法，由于证明过多地依赖图形，它束缚了人们的思想。笛卡儿在回忆了他曾学习过的逻辑、几何和代数之后说："我想，我必须寻找某种别的方法，它将把这三方面的优点组合在一起，并去掉它们的缺点。"[68]

在《几何学》中，笛卡儿勾画出它的新方法的轮廓。

《几何学》第一篇的标题是"仅需直线和圆的作图问题"，笛卡儿通过对这个问题的讨论，目的是寻找作图问题的统一方法，阐述他关于几何与代数结合的思想。

在《几何学》的第二篇，笛卡儿讨论了著名的帕普斯(Pappus)问题。帕普斯问题属于轨迹问题，欧几里得和希腊的另一位著名数学家阿波罗尼奥斯(Apollonius)都曾研究过这个问题，但未能解决。而这个问题恰好能够发挥解析几何的优势，因此引起了笛卡儿对这个问题的极大关注，他在给朋友的信中说，他在《几何学》发表的 4 年前，注意到这个问题，并花了 5 到 6 周的时间解决了这个问题。笛卡儿正是通过对这个问题的解决，打开了解析几何的大门。

《几何学》的第三篇讨论了一些纯代数理论，笛卡儿在这里相当于提出并直观地论述了代数基本定理——n 次代数方程有 n 个根。

笛卡儿的《几何学》虽然没有我们现在所说的笛卡儿坐标系，但他的方法已经给出了解析几何学的精髓。当笛卡儿的书问世时，法国数学家费马也完成了用代数方程研究几何曲线的大作《平面和立体的轨迹引论》。今天，人们称笛卡儿和费马同为解析几何之父[69]。

12.2 笛卡儿坐标法为微积分奠定了基础

《几何学》是笛卡儿的重要著作，它也确立了笛卡儿在数学史中的地位。

文艺复兴之后，生产力水平空前发展，在力学上如何确定非匀速运动物体的速度和加速度，把瞬时变化率问题提到了日程上来；望远镜的光程设计需要求曲线上任一点的切线问题；这一切都促使微积分的产生。笛卡儿对微积分的创立做出了与众不同的贡献，他创立的解析几何，为后来牛顿和莱布尼茨最终完成微积分的创立提供了舞台。

解析几何给数学带来一些新的问题，例如，笛卡儿在《几何学》中就讨论了下面这个问题：设曲线 $y = f(x)$，求曲线的切线。笛卡儿解决这个问题的方法是首先确定曲线在点 P 处的法线与 x 轴的交点的位置，然后作该法线的过点 P 的垂线，最后便得到所求的切线。

笛卡儿的方法对巴罗和牛顿的思想产生了积极的促进作用。牛顿的老师巴罗是微积分产生前历史上一位举足轻重的人物。巴罗任卢卡斯数学教授期间讲授过几何学，牛顿作为巴罗的学生，听过他讲的课程。巴罗讲课的讲义后来出版了，而且莱布尼茨在 1673 年还买过一本他的书。

巴罗的讲义究竟讲了些什么，作者在国内图书馆中没有找到这本书。不过，布尔巴基在《无穷小的演算》中有关于这本书的描述。布尔巴基写道：在巴罗的这本书里，100 页的文本中差不多有 180 幅图。由于存在这些大量的图，不仔细研究这 180 幅图，就什么也读不懂，因为，这本书的全部内容都在图里了。巴罗的书中没有引进新的术语，也没有引入导数等概念，但书中包含了一个思想，利用这个思想可以推出许多结论。这个思想就是有关曲线的切线问题与有关曲线下的面积问题之间存在内在的联系。

今天我们都知道，曲线的切线与微分的概念有关，而曲线下的面积与积分概念有关。因此，虽然巴罗没有直接提出微分和积分的概念，但是，他借助笛卡儿坐标系，已经把微分和积分两者之间存在的关系，以几何图形的方式表达出来了。

巴罗的书虽然难读，但牛顿听过巴罗的课，所以他完全理解书中的内容，而且他还简化、改进和发展了巴罗的工作。巴罗是一个非常细心的人，他注意到牛顿这个有才华的学生。1669 年 10 月 29 日，巴罗主动让贤，他坦然宣称牛顿的学识已超过自己，推举牛顿接替自己做卢卡斯教授。巴罗让贤现在已经成为科学史上的一段佳话，当时牛顿只有 27 岁，牛顿被任命为第二任卢卡斯教授，从此开始了他 18 年的大学教授生涯。

由此不难看出，如果没有笛卡儿坐标，没有在笛卡儿坐标系中对曲线切线和曲线面积的研究，就不会产生微积分的概念，因此，可以说，笛卡儿的坐标方法为微积分的建立奠定了基础。

12.3 笛卡儿工作对牛顿的重要影响

牛顿在科学史上占有独特的位置，没有哪个人能像他那样，给两个多世纪的数学和自然科学的内容和结构都深深地打上自己的烙印。伟大的科学成就源于非凡的思想方法，牛顿的思想方法有一个重要的特点，这就是向前人学习，站在巨人的肩上，把科学推向前进。

下面我们看一看笛卡儿的著作对牛顿产生了哪些影响。

在牛顿21岁之前，他尚未涉猎高深的数学知识，接受的只是关于亚里士多德学派的哲学和科学的教育。牛顿的科学才能得以启发，是由于他在1663—1664年间，如饥似渴地研究经典著作，潜心向大师们学习的结果。1663年，牛顿学习了巴罗的著作、笛卡儿的《哲学原理》、波义耳的《新物理——力学实验》、《怀疑的化学家》等，1664年，牛顿又学习了伽利略的《关于两种新科学的谈话》、开普勒的著作、还攻读了笛卡儿的《几何学》。

牛顿曾回忆说，笛卡儿的《几何学》很难读，只读了大约10页，就不得不停下来，然后再开始，比第一次稍微进步一点，又停下来，再从头开始，直到他自己成为全书内容的主人。牛顿在广泛阅读的同时，还边读边做读书笔记，写下心得和看法，这就是他的《三一学院笔记》，这个笔记一直记录到1666年。笔记中不仅记载了牛顿潜心研究经典著作、坚持奋斗的读书生活，而且也记录了"上小酒馆两次"这类大学生涯中的不平常的事件。

由于牛顿在1663—1664年发奋攻读大师们的经典著作，认真学习当时数学的两大分支——几何与代数的最新概念和成就，并加以综合和发展，进而牛顿做出了一系列的成就。牛顿在笔记中写道："这样，一直进行到疫情迫使我离开剑桥之时，在1665年11月13日的一篇论文中，我发现了用一些例子和一个证明处理最初的流数的直接方法。"

笛卡儿的工作对牛顿产生了重要影响，这个影响不仅仅局限于数学。实际上不仅是牛顿的微积分思想与笛卡儿的《几何学》有关，而且，牛顿力学中的一些概念也与笛卡儿的工作有关。

牛顿在《自然哲学的数学原理》中提出了牛顿力学的三定律，给出了动量的定义。论述了动量守恒的思想，牛顿的这些工作，我们在笛卡儿那里可以找到其历史渊源。笛卡儿是第一个对碰撞进行系统研究的学者，笛卡儿在 1644 年出版的《哲学原理》一书中，把他从碰撞研究中总结的运动量守恒的思想加以推广，提出了自然三定律。

第一定律说，如果没有外来的原因，一切单一的物体不会有任何的变化(包括它的大小、形状、位置和运动)。

第二定律说，一切运动物体本身只具有维持直线运动的倾向。

第三定律说，运动物体与另一物体相碰，如果其前进的力小于后者对它的阻力，则物体改变运动方向；如果前进的力大于后者对它的阻力，则两者一起运动，前者所失去的那部分运动，等于后者所获得的运动。

在笛卡儿时代，力的概念还不明确，当时，除了把外加的力称为“运动力”之外，还把惯性称为“物质固有的力”、“阻抗的力”等。从笛卡儿《哲学原理》中，我们可以看到，笛卡儿第一、第二定律是关于惯性定律的完整表述，而笛卡儿第三定律则是动量守恒思想的不成熟表述。另外，笛卡儿还明确指出，运动量是由物质的大小和速度的乘积给出的[70]。

在《自然哲学的数学原理》中，牛顿完善了笛卡儿关于运动量的概念。1676 年 2 月 5 日，牛顿在给胡克的一封信中写道：“笛卡儿所完成的是一个良好的阶梯……如果我看的比笛卡儿更远一些，那是由于我站在巨人们的肩上。”[71]

因此，我们可以说，牛顿力学理论深受笛卡儿思想的影响，是在笛卡儿自然三定律的基础上，经过发展和完善而建立起来的。

12.4　笛卡儿坐标的成就

笛卡儿的主要思想是：把几何学问题归结为代数形式的问题，用代数学的方法进行计算、证明，从而达到最终解决几何问题的目的。依照这一思想，他创立了坐标方法，其具体思路是：首先，从坐标概念出发，将代数学对应于几何学，建立平面上的“点”和“实数对”之间的对应关系。然后，利用代数学解决几何问题，即用代数方程表示几何曲线。最后，通过求解代数方程的根，解决了几何问题。

笛卡儿和费马将坐标方法引入到数学，改变了以往数学研究的方法，借助坐标，笛卡儿把几何问题转化成代数问题，并根据代数方程的次数对曲线进行分类。解析几何的建立改变了数学的面貌，也扩大了数学的领域。

几何概念可以用代数表示，几何问题可以用代数解决。反过来，给代数语言以几何的解释，可以直观地掌握那些语言的意义，又可以从中得到启发提出新的问题。拉格朗日在他的著作《数学概要》中写道："只要代数同几何分道扬镳，它们的进展就缓慢，它们的应用就狭窄。但是当这两门科学结合成伴侣时，他们就互相吸取新鲜的活力，从那以后，就以快速的步伐走向完善。"

的确如此，从希腊时代到1600年，数学的发展十分缓慢，古希腊的几何学一直统治着数学，《几何原本》是希腊数学的一部经典作品，它包含了当时希腊数学的主要成果，通过这本书可以看出希腊数学存在的一个问题，即希腊数学特别强调几何，而忽视了算术和代数，代数处于附庸的地位。

希腊数学的这一缺陷源于希腊人不接受无理数。不承认无理数这在很大程度上阻碍了希腊数学在算术和代数方面的发展。由于古希腊人未能认识无理数，思想上也不接受它是数，他们就硬把数和量这两个概念区分开，结果把代数和几何看成是两个不相干的学科。

随着数学的进一步发展，局限于几何方法使证明越来越复杂，特别是在立体几何方面，而且，即使是比较简单的证明也缺乏一般性的方法。从这里我们可以体会到，笛卡儿把代数和几何联系起来，创立解析几何的重要性了。随着解析几何的出现，代数逐渐成为数学家研究的重点，17世纪以来数学、物理学的巨大发展，在很大程度上应该归功于笛卡儿的解析几何以及他创立的坐标方法。

第13章 牛顿力学的坐标系

我们知道，在牛顿的《在自然哲学的数学原理》一书中，牛顿（见图13-1）把前人的成果系统化，并与他自己的成果综合在一起，形成一个完整的、系统的力学理论。牛顿在建立牛顿力学时意识到，他的理论必须是相对于一定的坐标系才能成立，因此，他提出了绝对时间和绝对空间的概念。

图13-1 牛顿

13.1 牛顿的绝对时空观

在《在自然哲学的数学原理》的第一章，即“定义”一章中，牛顿定义了绝对时间、绝对空间和绝对运动：

“绝对的、真实的数学的时间，它自身以及它自己的本性与任何外在的东西无关”。

“绝对的空间，它自己的本性与任何外在的东西无关，总保持相似且不动”。

“绝对运动是一个物体从某一绝对的处所向另一绝对处所的移动。”

绝对空间在哪里呢？牛顿曾设想，在恒星所在的遥远的地方，他提出宇宙的中心是不动的，这就是牛顿所想象的绝对空间。

牛顿绝对运动概念的一个主要缺陷是这个概念不是基于客观实验，而是牛顿主观定义的。牛顿似乎对这个概念也不满意，没有把它放在正式的定义中，只是在“定义”一章的后面以注释的形式给出的。

为了说明绝对运动，牛顿还提出了著名的水桶实验。牛顿写道：“如果用长绳吊一水桶，让它旋转至绳扭紧，然后将水注入，水和桶都处于静止之中。再以另一力突然使桶沿反方向旋转，当绳子完全放松时，桶的运动还会维持一段时间；水的表面起初是平的，和桶开始旋转时一样。但是后来，当桶逐渐把运动传递给水，使水也开始转动。于是可以看到水渐渐地脱离其中心而沿桶壁上升形成凹状。运动越快，水升得越高。直到最后，水与桶的转速一致，水面即呈相对静止。水的升高显示它脱离转轴的倾向，也显示了水的真正的、绝对的圆周运动。”如图 13-2 所示。

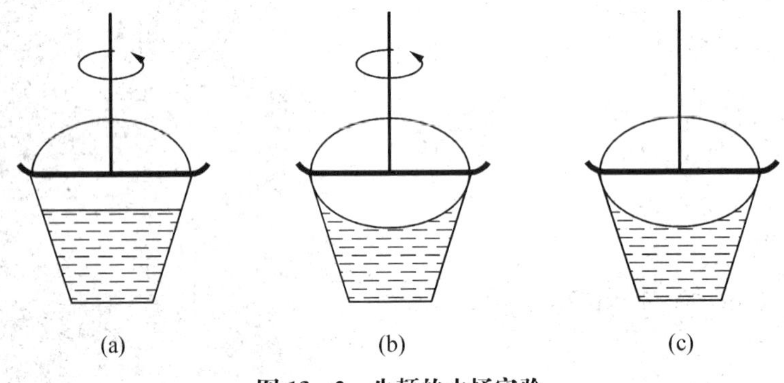

图 13-2　牛顿的水桶实验

(1) 开始时，桶旋转得很快，但水几乎静止不动。在黏性力经过足够的时间使它旋转起来之前，水面是平的，完全与水桶转动前一样。如图 13-2(a)所示。

(2) 水和桶一起旋转，水面变成凹的抛物面。如图 13-2(b)所示。

(3) 突然使桶停止旋转，但桶内的水还在转动，水面仍然保持抛物面的状态。如图 13-2(c)所示。

牛顿对此分析道，在第(1)、(3)阶段里，水和桶都有相对运动，而在前者水是平的，后者水面凹下。在第(2)、(3)阶段，无论水与桶有无相对运动，水面都在凹下。牛顿由此得出结论：桶和水的相对运动不是水面凹下的原因，这个现象的根本原因是水在绝对空间里运动的加速度。

水桶实验所包含的思想很重要，下面我们再把这个问题详细解释一下。

在牛顿力学里惯性力是没有反作用力的，也就是说，惯性力与真实的力不同，它不起源于相互作用，牛顿通过水桶实验来论证惯性离心力起源于物质相对于绝对空间的转动。他认为两个物体的相对转动不一定是真正的转动(运动)，只有相对于绝对空间的转动才是真转动，才会产生惯性力。相对于绝对空间没有动，而只是相对于某个物体的转动，不是真转动，不会产生惯性离心力。因此，牛顿认为只有相对于绝对空间的运动才是真正的运动，相对于绝对空间的加速才是真加速，才能产生惯性力。

把牛顿的运动观点归纳一下，可以看出牛顿的思想是：

宇宙中存在一个特殊的坐标系——绝对坐标系，即固定在绝对空间中的坐标系，这个坐标系优于其他参考系，它所描述的运动被称为绝对运动；相对绝对空间运动的其他参考系被称为相对参考系，相对参考系所描述的运动为相对运动。绝对运动是真实的运动，而相对运动不是真实的运动。用牛顿的话说："真实的运动既不被生成也不被改变，除非施加力于运动的物体；但相对运动的生成和改变不需要施加力于这个物体。"爱因斯坦曾经说过，牛顿引入绝对空间，对于建立他的力学体系是必要的，这是在那个时代"一位具有最高思维能力和创造力的人所能发现的唯一道路。"

13.2　有关坐标系的几个基本问题

自从牛顿提出绝对空间以来，许多人(包括马赫和爱因斯坦)都对牛顿的观点进行了批评，而且，围绕时空的争论也从来没有停止过。这一争论之所以持续几百年，主要原因是人们把这一争论从物理问题演变成了哲学争论，人们围绕着时空观、宇宙观、运动观、绝对运动和相对运动、绝对静止和相对静止等概念，展开一场旷日持久的论战，不管什么问题只要演变成哲学问题，争论就不可避免，而且很可能是永无休止的。

作者认为，牛顿提出绝对空间的概念，其目的主要是为牛顿理论规定一个坐标系，借助绝对空间的概念，在牛顿力学里可以定义一个唯一的坐标系——

绝对坐标系，有了绝对坐标系，牛顿力学就成为一门确定性的科学。

既然绝对空间的作用主要是定义坐标系，因此，在物理学中就没有必要讨论绝对性和相对性这些哲学概念了，我们只须研究在物理学中，应该如何给定坐标系这个问题就可以了。

我们知道，研究宇宙问题人们主要关心天体在宇宙中的运行规律，而研究运动必须首先给定坐标系，因此，如何在宇宙中定义坐标系、如何在宇宙中定义运动和静止以及时间、空间和运动与坐标系之间的关系等问题，都是我们需要研究的重要问题。

为了避免抽象的哲学式的讨论，下面作者提出几个与坐标系有关的基本问题：

(1) 我们研究宇宙中的物体运动，是否需要给定一个明确的坐标系，或者说，在所有的坐标系中，是否存在一个优于其他坐标系的特殊坐标系。

(2) 如何在宇宙中定义运动和静止，即什么是运动？什么是静止？能否给出严格的物理定义。

(3) 时间、空间和质量等基本物理量是如何随坐标变化的？

(4) 在宇宙中定义坐标系、定义时间和空间以及定义运动和静止，其理论依据是什么？

下面让我们先看一看，在牛顿力学里对上述问题是如何回答的。

13.3 牛顿力学中的坐标观念

在牛顿力学里对上述问题的回答是：

(1) 在牛顿力学里，存在一个特殊的坐标系——绝对坐标系，这是一个固定在绝对空间，优于其他坐标系的特殊坐标系。

牛顿力学受笛卡儿思想的影响很大，在笛卡儿几何中研究一个曲面，首先需要给定一个笛卡儿坐标系，然后把曲面放到坐标系中进行研究。牛顿研究物体运动，也需要给定一个坐标系，为此牛顿引入了绝对空间的概念。从利用坐标方法研究物理问题这一角度看，牛顿引入绝对空间概念是完全必要的，正是由于这个概念，牛顿力学才有了一个唯一确定的坐标系，从而使牛顿力学是一门确定性的科学。

(2) 有了绝对坐标系，在牛顿力学中，运动和静止这两个概念是可以严格定义的。牛顿把相对于绝对坐标系的运动称为绝对运动，相对于绝对坐标系的静止称为绝对静止。

(3) 在牛顿力学里，时间和空间被称为绝对时间和绝对空间，它们均与运动无关，时空间的坐标变换满足伽利略变换：

$$x' = x - ut$$
$$y' = y$$
$$z' = z$$
$$t' = t$$

另外，在牛顿力学里质量被视为常数，不随速度变化。

(4) 在牛顿力学里，时空概念的引入，参考系的定义以及运动和静止的定义都是建立在两个概念的基础上，这两个概念就是绝对性和相对性。在这两个概念中牛顿强调的是绝对性，因此，人们把牛顿的时空观称为绝对时空观。

以上就是牛顿力学关于坐标系的基本观点。

自从牛顿力学建立以来，人们对绝对空间的批评不断，作者认为，目前人们在批评绝对空间概念时，忽视了这个概念在牛顿力学中的重要作用，这就是绝对空间概念保证了牛顿力学是一个确定性的科学。因为，引入绝对空间概念后，在宇宙中就可以定义一个特殊参考系——绝对坐标系，有了这个坐标系，运动和静止就可以严格区分，速度、加速度等物理量都可以唯一地确定，从而保证了牛顿力学是一门具有确定性的科学。

关于牛顿理论的缺憾，作者认为，主要有以下两点：

第一，牛顿力学的绝对空间概念以及坐标系的定义都不是建立在物理实验或物理规律的基础上，而是建立在两个哲学概念的基础上，即建立在对绝对性和相对性的哲学思辨的基础上。

第二，在牛顿力学里没有考虑到时间间隔、空间尺度和质量等基本物理量随运动速度的变化。因此，牛顿的时空观是一种静止的、不变的绝对时空观。

牛顿绝对时空观产生的原因是在牛顿时代物体的运动速度都远远小于光

速，时间、空间和质量随速度的变化并不明显，因此，牛顿没有认识到这些物理量应该随速度变化。直到19世纪末，牛顿绝对时空观的局限性开始显现出来，最终导致爱因斯坦相对论的出现。

第 14 章 马赫对牛顿的批判以及马赫的恒星坐标系

牛顿引入绝对空间等概念的目的在于，有了这些概念牛顿力学才能成为一个完整的、确定性的理论。但是，绝对空间的概念是在牛顿力学的公理和定义之外，牛顿以注释的形式、作为一种假设提出来的。正是这一原因，几百年来，绝对空间引起不少人的怀疑和争议，其中也包括马赫的批判。马赫的工作对爱因斯坦影响很大，马赫思想也是爱因斯坦相对论的一个重要的思想来源。

14.1 马赫简介[10, 72]

恩斯特·马赫(见图 14-1)1838 年生于奥地利，他的父亲受过高等教育，后来在一个贵族家里做家庭教师。母亲举止文雅，爱好音乐、绘画和诗歌。马赫的父母为他提供了一个不受约束的自由环境。

在 14 岁之前，马赫基本上是在家里接受父亲的教育。15 岁那年，马赫才进入一所公立中学上学。他对学校那些宗教训练没有兴趣，但特别喜欢博物学，喜欢听老师讲解的拉马克的

图 14-1 恩斯特·马赫

进化论和康德的宇宙演化论。

经过5年数学、物理和哲学的学习之后，1860年，马赫在维也纳大学获得博士学位。博士毕业后，在维也纳大学做过几年编外讲师，从1864年起先后在格拉茨大学、布拉格大学、维也纳大学任教授，从事物理学、心理学和物理科学的历史和哲学的教学与研究。1900年退休，退休后继续著书立说，直到1916年逝世。

1910—1914年间，诺贝尔委员会收到许多科学家的信和呼吁书，提名马赫为诺贝尔物理学奖的候选人。在这些书信中有一封是洛伦兹写的，他赞扬马赫的工作是"美妙的"，并还补充说，所有的物理学家都知道马赫的历史和方法论著作，并且"许多物理学家尊称他为大师，是他们的思想导师"。还有一封提名信是布朗写的，他指出马赫是新的时空理论的思想路线的最早创导者，又是一个大实验物理学家；而且马赫通过"他的明晰的、深刻的物理学历史研究"和哲学澄清，产生了广泛的影响。

布朗所说的确实如此，在19世纪末和20世纪初，马赫的著作和马赫的思想曾广为传播，在许多国家有相当一部分青年科学家，在他们的学生时代或者在此后不久，研读过马赫的有关著作，这些著作对他们产生了影响，例如，法国物理学家庞加莱，他比马赫年轻16岁，他曾明确表示受益于马赫著作。

另外，布莱默在《马赫》一书中提到，马赫编写的教科书：《自然科学概论》和《大学物理学教程》，在欧洲，特别是讲德语的国家广泛流传这两本书，爱因斯坦、海森伯、薛定谔等后来的物理学家以及弗兰克等维也纳学派的主要成员，都不知不觉地从中受到了影响。

在物理学方面马赫主要致力于实验物理学的研究，其中最重要的成就是，在研究物体在气体中高速运动时发现了激波，并拍下了激波清晰的照片。马赫还定义了一个无量纲参数——马赫数，并利用马赫数研究超声速运动。今天，马赫数、马赫波、马赫角等以马赫命名的术语，在空气动力学中已广泛使用。

马赫不仅是一位实验物理学家，而且还是一位极具批判精神的理论物理学家和哲学家，他一生发表了100余篇论文和18部著作，其中一些著作富有深刻的哲学思想和历史观点。例如1872年出版的《功守恒定律的历史和根源》、1883 年出版的《力学史评》、1896 年出版的《热学史评》和 1921 年马赫去世后出版的《物理光学史评》。其中《力学史评》对物理学的发展产生了重要的影响，在这本书中马赫对力学的概念和原理做了历史的考察，其中对牛顿绝对时空的批判以及关于相对运动的论述都是极其深刻的。

对于马赫，不同的人给出了不同的评价，有人高度赞扬他，也有人激烈地批评他，霍尔顿这样评论："在科学史上的每一时刻，我们都发现有少数人物，他们被他们的同时代人认为，是对有关科学实践的任务以及科学在文化中的地位的一些老问题作出新回答的人。从 19 世纪 80 年代到 20 世纪头 20 年，马赫就是这样的少数人物之一。至少在科学家中，他被公认是，向渗透 19 世纪科学的'绝对'观念（例如绝对空间、绝对时间、绝对的实体、绝对的活力）作经验论挑战的最有战斗力地战士之一。在哲学家当中，因为马赫有力地坚持经验论的科学观，有人敬佩他，有人则攻击他。"[73]

14.2　马赫对牛顿绝对空间的批判

马赫的主要科学工作是在 19 世纪最后 40 年进行的，由于 19 世纪初数学和物理学在深度和广度方面的发展，人们先后建立了关于热现象和电磁现象的两个理论体系，它们都超越了牛顿力学的理论框架。牛顿力学建立后，科学家逐渐形成一种观念，用力学理论解释一切自然现象，即所谓的力学自然观。随着傅里叶《热的解析理论》和麦克斯韦电磁理论的建立，把一切自然现象归于力学的观点开始受到怀疑，人们需要重新认识牛顿力学与其他自然科学之间的关系。马赫对牛顿力学的批判就是在这一历史背景下展开的。

马赫对牛顿力学的批判集中体现在《力学史评》一书中，该书于 1883 年在莱比锡出版，以后又再版多次，1912 年的第七版是马赫在世时的最后一版，在这一版中，马赫又增加了一篇新序，阐述了他自己对这本书的评价以及关于力学今后发展的意见，这篇序言对我们研究马赫思想很有价值。

爱因斯坦相对论的建立受益于马赫思想的启发，对于这一点爱因斯坦曾多次回忆，1909 年，爱因斯坦在给马赫的信中写道："我自然相当熟悉您的主要著作，其中我最钦佩您的力学著作"。从这里可以看出，马赫的《力学史评》

对爱因斯坦影响很大。爱因斯坦对该书也给予很高的评价，他曾说过："《力学史评》是真正伟大的著作之一，并且是科学历史著作的典范。"

《力学史评》一书一共5章[74]。

在书中，马赫详细介绍了经典力学的基本观点，充分肯定了牛顿的历史功绩，称赞牛顿《自然哲学的数学原理》表述的明晰性。在充分肯定牛顿在力学的伟大功绩的同时，马赫对牛顿的绝对空间进行了批判，并提出一切运动都是相对运动的思想，马赫的这一思想对爱因斯坦创立相对论很有启发。

关于空间，马赫认为物理空间只存在于物理要素的相互依存关系中。马赫写道："我们不应该忘记，世界上的一切事物都是互相联系、互相依赖的，我们本身和我们所有的思想也是自然界的一部分。"马赫认为牛顿的绝对空间不过是客观上不存在的思辨的东西。

马赫认为时间也不能独立自存，"时间是一种抽象"。"利用和通过事物的相互联系，我们达到我们的时间概念，这个观念是我们描述事物的最深刻最普遍的观念。"马赫认为牛顿的绝对时间概念没有任何实用价值和科学价值，谁也不知道绝对时间，它只不过是一个形而上学的概念。马赫写道："绝对时间是一种无用的形而上学概念。""它既无实践价值，也无科学价值，没有一个人能提出证据说明他知晓有关绝对时间的任何东西。"

目前，在一些相对论著作或物理学史的书籍中，谈到马赫大多强调马赫对牛顿的批判以及马赫思想对相对论的贡献。很少有人分析马赫思想与牛顿思想的共同点以及马赫思想与爱因斯坦思想的分歧。

作者认为，牛顿的绝对空间思想实际上是把笛卡儿解析几何的思想推广到力学。在解析几何中，研究曲面需要首先给定一个笛卡儿坐标系，然后把曲面放进坐标系中进行研究。在牛顿力学里为了研究物体运动，牛顿也需要给定一个坐标系，然后在这个坐标系里研究物体的运动。

牛顿绝对空间的主要作用就是为了定义一个坐标系，牛顿认为，在所有的坐标系中存在一个特殊的坐标系，即与绝对空间相联系的绝对坐标系，只有这个坐标系描述的运动才是真正的运动，牛顿称为绝对运动，其他坐标系描述的运动都不是真正的运动。

马赫对牛顿绝对空间概念进行了批判，这里需要注意，虽然马赫批判绝对空间的概念，但他并不反对存在一个特殊的坐标系。马赫认为惯性是由宇宙中所有物质决定的，因此，在马赫思想中有一个特殊的坐标系，马赫认为“我们说一个物体在空间保持不变的方向和速度时，我们的意思只不过是省略了参照于整个宇宙”。

马赫还进一步论证，对整个宇宙的参照，可以把恒星理想化为一个刚性坐标系，即宇宙中所有恒星构成的坐标系，马赫说他不反对把在这个参考系下的运动称为真正的运动。

由此可见，马赫与牛顿的区别只是外表上的区别，我们只要把牛顿的绝对坐标系改成马赫的恒星坐标系，两者的结果就完全一致了。

例如，牛顿理论的惯性定律可以表述为：一个不受外力作用的物体，要么静止，要么相对于绝对坐标系做匀速直线运动。

在马赫那里则表述为：一个不受外力作用的物体，要么静止，要么相对于恒星坐标系做匀速直线运动。

总之，马赫思想和牛顿思想有一个共同点，他们都认为研究运动需要有一个特殊的坐标系，这个坐标系描述的运动才是真正的运动。二人的区别仅在于，牛顿是用主观的方法引进了这个坐标系，而马赫强调的是客观，即由宇宙中所有的物质决定了这个特殊的坐标系。

14.3　惯性坐标系

对牛顿的水桶实验马赫也提出了不同的解释，他认为，牛顿水桶实验中水面凹下，是它与宇宙远处存在的大量物质之间有相对转动密切相关的。如果设想把桶壁的厚度增大到几千米甚至几十千米，“没有人有资格说出，这个实验将会变成怎样”。马赫的思想归结为一切运动都是相对于某种物质实体而言，是相对于远方的恒星(或者说是宇宙中全部物质的分布)的加速度引起的惯性力和有关效应。

马赫认为，一切运动都是相对于某种物质实体而言，他认为牛顿对惯性力起源的解释也是错误的，马赫提出惯性力起源于物体间的相互作用。我们通常所说的受到惯性力作用的物体，是由于物体相对于宇宙中所有物质加速，这相当于该物体不动,整个宇宙的物质相对于它做反向加速。全宇宙中的物质通过这种方式对该物体施加了作用,这种作用就是惯性力。反过来,该物体也对宇宙中的所有物质施加了反作用,但由于物体的质量与宇宙总质量相比太小了,所以惯性力的反作用根本看不到。马赫关于一切运动都是相对运动、惯性是由宇宙中所有物质决定的等观点,对爱因斯坦建立相对论产生了重要影响。

对牛顿的水桶实验以及马赫的观点进行分析可以发现,虽然牛顿和马赫在坐标系问题上存在分歧,但他们之间也存在一个共同点,即他们都认为宇宙中存在一个特殊的坐标系。在牛顿力学里,牛顿将其称为绝对坐标系,牛顿提出水桶实验的目的无非是想通过水桶实验说明,他所引入的绝对坐标系是有客观依据的。

马赫对牛顿进行了批判,马赫所反对的是牛顿用主观的方法引入坐标系,马赫主张用惯性来定义坐标系。马赫认为,惯性与宇宙中全部物质的分布有关,孤立的物体是没有惯性的,惯性起源于宇宙所有其他物体的影响。马赫的观点中包含一个“恒星坐标系”或“宇宙坐标系”的概念,这个坐标系是由宇宙整体的物质分布确定的。

马赫用惯性定义坐标系的思想后来得到了发展,1885 年德国物理学家朗格提出了惯性坐标系的概念。惯性坐标系是用物理学的一个规律——惯性定律来定义坐标系的,这与牛顿主观引入的绝对空间概念相比,是一大进步。目前,大学的普通物理和理论力学等课程中的坐标系,都是按照朗格的方法进行讲授,都使用惯性坐标系的概念。

但是,仔细分析便会发现,用惯性定律定义惯性坐标系,在逻辑上会出现自我循环。惯性坐标系的定义是惯性定律在其中成立的一类坐标系。惯性定律是指“一个不受外力的物体将保持静止或匀速直线运动的状态不变”。然而,“不受外力”又需要用“一个物体能在惯性系里保持静止或匀速直线运动状态”进行判断,这就形成了一个无法解脱的逻辑上的自我循环。

第 15 章 狭义相对论没有给出坐标系的定义

15.1 马赫思想对爱因斯坦的影响

在 19 世纪末和 20 世纪初，马赫的著作和马赫的思想曾广为传播，爱因斯坦、海森伯、薛定谔等后来的物理学家，都不知不觉地受到了影响。爱因斯坦曾经说过："可以说上一世纪所有的物理学家，都把古典力学看作是全部物理学的、甚至是全部自然科学的牢固的和最终的基础。而且，他们孜孜不倦地企图把这一时期逐渐取得全面胜利的麦克斯韦电磁理论也建立在力学的基础之上。甚至连麦克斯韦和赫兹，在他们自觉的思考中，也都始终坚信力学是物理学的可靠基础……是恩斯特·马赫在他《力学史评》中冲击了这种教条式的信念；当我是一个学生的时候，这本书正是在这方面给了我深刻的影响。我认为，马赫的真正伟大，就在于他的坚不可摧的怀疑态度和独立性。"

马赫思想对爱因斯坦的影响主要表现在三个方面：

(1) 马赫关于"一切运动都是相对运动"的观点以及马赫对牛顿绝对空间的批判对爱因斯坦影响很大，爱因斯坦相对论的建立就是受这一思想的影响，也正由于这一原因，爱因斯坦曾一度称赞马赫为相对论的先驱。

(2) 马赫关于惯性的论述对爱因斯坦广义相对论具有重要影响。

(3) 马赫哲学或马赫的科学方法论对爱因斯坦的影响。

由于本篇主要讨论狭义相对论问题,不涉及广义相对论和科学哲学问题,因此下面我们主要讨论上述第(1)个问题。

虽然马赫和爱因斯坦都认为运动是相对的,但他们对相对运动的理解还是存在分歧的。

爱因斯坦的观点是,所有运动都是相对的,而且,相对运动都是平权的,即所有的坐标系都是平权的。用爱因斯坦的话说:“取两个物体,例如太阳和地球。我们观察到的运动也是相对的,既可以用关联地球的坐标系,也可以用关联太阳的坐标系。根据这个观点看来,哥白尼的伟大成就就在于把坐标系从地球转换到太阳上去。但是,运动是相对的,任何参考系都可以用,似乎没什么理由认为一个坐标系会比另一个坐标系好些。”[75]

爱因斯坦的上述观点,在马赫思想中并没有,仔细研究一下马赫著作不难发现,在马赫的观点中相对运动不是平权的,质量越大的物体惯性越大,质量大的物体参考系其权重越大,根据这一思想,马赫提出了宇宙中存在一个特殊的参考系——宇宙参考系,即恒星参考系。

由此可见,虽然牛顿和马赫在绝对运动与相对运动的论述上存在分歧,但他们之间存在一个共同点,他们都认为宇宙中存在一个特殊的坐标系。在牛顿力学里,牛顿将其称为绝对坐标系。虽然,马赫对牛顿绝对空间概念进行了批判,但是,我们需要注意,马赫所反对的是用主观的方法引入绝对空间,马赫主张用惯性来定义坐标系。马赫认为,惯性与宇宙中全部物质的分布有关,孤立的物体是没有惯性的,惯性起源于宇宙所有其他物体的影响。因此,只要把牛顿主观引入的绝对空间,改成由宇宙中所有物质确定的“宇宙坐标系”,牛顿与马赫的分歧就消除了。

与牛顿、马赫的观点不同,爱因斯坦认为,宇宙中不存在一个特殊的坐标系,所有的坐标系都是平权的。这是爱因斯坦相对论中的一个重要思想。从这里不难看出,虽然马赫的著作中包含许多运动相对性的论述,但马赫所说的运动相对性与爱因斯坦的相对论还是存在差异的。

15.2　马赫反对把他的思想与相对论联系在一起

1905 年爱因斯坦建立了狭义相对论，由于爱因斯坦的思想受到马赫思想的影响，相对论建立后的一段时间里，马赫被称为相对论的先驱，对此马赫生前没有公开反对。马赫于 1916 年去世，去世后，即 1921 年，马赫的一本新书《物理光学史评》出版，这本书的序言是马赫于 1913 年 7 月写就的，在序言中马赫断然拒绝他是相对论的先驱，马赫写道[76]：

"对我来说，现在可能是最后的机会了。"

"从我收到的出版物中，特别是从我收到的信件中，我推断，我正在逐渐地被看作是相对论的先驱。甚至现在我就能大致想象得出，在我的《力学史评》中所表达的许多观点，将怎样从相对论的观点给以新的说明和解释。"

"我只不过是一个有自己独创见解的，在各个知识领域中无偏见的漫游者。然而，我必然像拒绝当代原子论信条那样，断然否认我是相对论的先驱"。

从马赫的这篇序言中可以看出，马赫不赞同用相对论的观点解读他的《力学史评》。虽然马赫和爱因斯坦两人都谈运动的相对性，但其含义是不同的。

1930 年，爱因斯坦对马赫的这篇序言作过评论："我同马赫之间并无特别重要的信函来往。可是，马赫的确通过他的著作对我的发展有相当大的影响。至于我这一生的工作究竟有多大程度上受到他的影响，对我来说是不可能弄明白的。马赫晚年曾在相对论上花了一些精力，而且在他一本著作最后一版的序言中，甚至曾经用颇为激烈的言辞表明他对相对论的摈斥。然而，无可怀疑，这是由于年事日高而逐渐消失了接受(新思想)的能力的缘故。"

从这里可以看出，爱因斯坦没有弄清楚马赫思想与相对论之间的差异，也不明白为什么马赫拒绝接受相对论。今天，大多数的相对论研究者对这个问题也缺乏研究，作者在对马赫著作的研读中发现，马赫思想与爱因斯坦思想的共同点是他们都承认运动是相对的，他们的分歧在于，爱因斯坦认为所有的坐标系都是平权的，而马赫并不赞同这一观点。我们知道，力学研究的是机械运动，如果研究运动时连参考系都不能确定，所有的参考系都是平权的，势必会导致一些奇怪的结果，这或许就是马赫不接受相对论的一个原因吧。

关于这个问题这里需要作一点说明:在马赫死后出版的《物理光学史评》一书的前言中,马赫表示了他对相对论强烈反对这件事,有人认为,这个前言是马赫的儿子路德维希伪造的,不是马赫本人的意见。后来,霍尔顿经过详细考证,认为这是马赫本人的意见。在《科学与反科学》一书中,霍尔顿阐述了他的观点:1913 年上半年,爱因斯坦和格罗斯曼合作,完成了第一篇关于广义相对论的文章,并把这篇论文寄给了马赫。这时,爱因斯坦的哲学观点已从有点像马赫的怀疑的经验论,"转变成为一个信仰理性论的人,也就是说,成为一个到数学的简单性中去寻求真理的唯一可靠源泉的人"。而这同马赫强调感觉经验的实证论观点是格格不入的。由于马赫没有很高的数学素养,他难以理解也不赞赏爱因斯坦高度数学化的论文。所以,马赫在 1913 年 7 月写出了那篇愤怒拒绝相对论的"前言"。

15.3 若想消除孪生子悖论,狭义相对论必须解决坐标系的定义问题

我们知道,爱因斯坦相对论是在对牛顿的绝对时空观进行批判的基础上建立起来的,然而遗憾的是爱因斯坦在否定了牛顿的绝对运动和绝对时空的同时,把惯性坐标系看成鬼魂,也给否定了。

用爱因斯坦的话说:"the ghosts of absolute motion and inertial coordinate system can be expelled from physics and a new relativistic in physics built."(见参考文献[75]第 235 页),即"我们可以把绝对运动和惯性坐标系的鬼魂从物理学中赶出去,从而建立一个新的相对论物理学"。

爱因斯坦的这些观点,给狭义相对论带来了一些困难。

狭义相对论是建立在惯性坐标系上的理论,然而,在爱因斯坦的狭义相对论中却没有给出坐标系的定义。其主要原因是,在牛顿力学里,惯性系被定义为"相对于绝对空间静止或做匀速直线运动的参考系",换句话说,牛顿力学是用绝对空间来定义惯性系的,狭义相对论抛弃了绝对空间概念,从而导致在狭义相对论中,无法严格地定义惯性坐标系。我们知道狭义相对论是关于惯性坐标系的理论,在惯性坐标系的理论中却不能定义惯性坐标系,这是狭义相对

论的一个困难问题。

另外，在牛顿力学里所有的惯性坐标系不是平权的，其中存在一个特殊的坐标系，优于其他坐标系，这就是固定在绝对空间中的绝对坐标系。有了绝对坐标系，在牛顿力学里，静止和运动是可以区分的。在狭义相对论中，爱因斯坦否定了绝对空间，由此又引出一个困难问题：一个物体究竟是处于静止状态，还是在做匀速直线运动，对于这个问题狭义相对论是无法回答的。

仍以惯性坐标系 S 和 S' 为例，在坐标系 S' 中一个静止的物体，在另一个坐标系 S' 的观察者看来这个物体在做匀速直线运动；反之，在坐标系 S' 中一个静止的物体，在坐标系 S 的观察者看来这个物体也在做匀速直线运动。由于坐标系是平权的，没有哪个坐标系优于其他坐标系，这就导致了在狭义相对论中人们无法区分一个物体，究竟是静止还是在做匀速直线运动，由此进一步导致孪生子悖论的产生。

从前面的讨论我们可以看出，不解决坐标系的定义问题，孪生子问题就不能彻底解决。因此，若想消除狭义相对论的悖论，我们必须解决坐标系的定义问题。那么，如何解决狭义相对论中的坐标系的定义问题呢？

回顾历史我们可以从中得到一些启发。研究物理学的历史，我们不难发现这样一种现象，物理学的许多思想都是来源于数学，例如：

公理化方法首先出现在欧几里得的《几何原本》中，牛顿写作《自然哲学的数学原理》时，效仿了《几何原本》的做法，把公理化的方法从数学引入到物理学。目前在物理学中广泛使用的群论方法也来源于数学，1832 年伽罗华在研究五次以上代数方程公式解时创立了群论。广义相对论的基本思想是引力几何化，爱因斯坦的这个思想是受高斯、黎曼的微分几何学的启发而产生的。最后，坐标方法也是来自数学，笛卡儿在解析几何中首先使用了坐标方法。

既然坐标方法来自数学，那么，在研究狭义相对论的坐标问题之前，让我们先看一看，坐标系在数学中是如何发展演变的。

第16章 既然运动是客观的，描述运动的坐标系就应该用客观的物理规律来定义

从第15章的讨论我们可以看出，不解决坐标系的定义问题，孪生子问题就不能解决。因此，若想消除狭义相对论的悖论，我们必须解决坐标系的定义问题。

本章我们首先用马克思主义哲学分析这一问题，然后讨论数学中坐标概念是如何演变和发展的，并从中获得启发。

16.1 用马克思主义哲学思想分析坐标问题

通过前面关于坐标概念的历史回顾，从中可以看出牛顿、马赫和爱因斯坦在坐标问题上的观点是各不相同的。

(1) 牛顿和马赫都认为，宇宙中存在一个特殊的坐标系，这个坐标系优于其他的坐标系；而爱因斯坦则认为，所有的坐标系都是平权的，因此，宇宙中不存在优于其他坐标系的特殊坐标系。

(2) 在牛顿或马赫的理论中，由于存在一个特殊的坐标系，因此在他们的理论中，运动和静止是可以严格定义的，两者之间也有明确的区分；爱因斯坦狭义相对论则不同，由于所有的惯性坐标系都是平权的，因此，在狭义相对论中对于

静止和运动都没有定义，静止和匀速直线运动这两种状态也是无法区分的。

(3) 在牛顿力学里，时间和空间被称为绝对时间和绝对空间，它们均与运动无关，时空间的坐标变换满足伽利略变换，另外，在牛顿力学里质量被视为常数，不随速度变化。在狭义相对论里，时间间隔、空间尺度和质量这些基本物理量都是随速度变化的，时空变换不再满足伽利略变换，而是满足洛伦兹变换。

(4) 无论是牛顿力学还是爱因斯坦狭义相对论，时空概念的引入，坐标系的定义都建立在两个哲学概念的基础上，即绝对性和相对性。在牛顿力学里，牛顿强调的是绝对性；在相对论中，爱因斯坦则走向另一个极端，强调相对性，这也是爱因斯坦理论被称为相对论的一个原因。

通过前面的讨论我们不难发现，无论是牛顿的坐标、马赫的坐标还是爱因斯坦的坐标，都存在一些问题：

牛顿绝对坐标系的优点是，它保证了牛顿力学是一门确定性的科学。有了绝对坐标系，在牛顿力学里，运动和静止这两个概念是可以严格区分的。但是，牛顿绝对坐标系是牛顿主观定义的，因而缺少客观依据，这也是牛顿绝对空间自提出之日就不断受到批评的一个主要原因。

马赫利用惯性，即宇宙中所有物质的质量来定义坐标系，马赫的这一思想与牛顿相比是一个进步，但马赫提出的恒星坐标系只有哲学意义，在实际中无法操作；朗格的惯性坐标系虽然被广泛使用，由于存在着逻辑上的自我循环，因此，惯性坐标系从科学的角度看，这个定义并不严谨。

在狭义相对论中，爱因斯坦认为所有的坐标系都是平权的，这一观点带来的后果是狭义相对论中悖论的出现。

因此，牛顿、马赫和爱因斯坦关于坐标系的观点都有问题，于是，人们自然会问，我们研究宇宙中的物体运动，应该如何确定坐标系呢？

下面，我们用马克思主义哲学来分析这一问题，首先介绍恩格斯(见图 16－1)的一部重要著作《反杜林论》。

图 16－1　恩格斯

《反杜林论》的原名为《欧根·杜林先生在科学中实行的变革》。1877年1月至1878年7月，以论文的形式陆续发表在《前进报》上。1878年7月在莱比锡出版了单行本第一版。

《反杜林论》由引论、哲学、政治经济学和社会主义几个部分组成，其中哲学部分批判了杜林在科学分类问题上的先验主义观点、批判了杜林对马克思主义辩证法的歪曲、批判了杜林在物质存在形式问题上的形而上学的观点；阐明了唯物辩证法的客观性和普遍性，提出了辩证法不是证明的工具，而“是关于自然、人类社会和思维的运动和发展的普遍规律的科学”。

《反杜林论》是恩格斯把马克思主义哲学思想用于自然科学的一部重要著作，内容十分丰富，下面我们只引用其中的几个观点：

(1) 马克思主义认为，在我们的主观世界之外，存在一个客观的物质世界，客观世界是存在于人类意识之外，并不以它为转移的。

(2) 客观世界的各种事物，千差万别，形形色色，无一不是运动着的物质的不同表现形态。

(3) “运动是物质的存在方式”，世界上的一切运动总是一定物质的运动，运动作为物质的固有属性，是和物质不可分离的。用恩格斯的话说：“没有运动的物质和没有物质的运动是同样不可想象的”[77]。

根据以上观点，我们可以作出如下判定：

既然运动是客观的物质运动，是不以人的意识为转移的，因此，与运动相关的一些物理概念也应该是客观的。例如，一个物体是处在静止状态还是运动状态，应该有一个客观的判定，而不应以人的意志为转移。狭义相对论之所以出现孪生子悖论，原因就是没有给出静止和运动的客观定义。而要给出静止和运动的客观定义，就必须有一个客观的坐标系。

总之，用马克思主义的观点研究运动问题，我们得出的结论是：既然宇宙中的物体运动是客观的，描述运动的坐标系也应该用客观的方式来确定，而不应该用主观的方法来确定。

下面，我们将根据这一思想，具体的分析如何用客观的物理规律来定义坐标系。不过在此之前，先让我们回顾一下坐标方法在数学中的演变，从中可以获得一些启发。

16.2　从笛卡儿的"外在坐标"到高斯的"内蕴坐标"

所谓坐标方法就是利用坐标讨论问题，这一方法最初是由笛卡儿创造的。

在解析几何中研究问题，首先要建立一个坐标系，然后用代数方程把几何对象（例如曲线或曲面）表述出来，这样就可以用代数方程来研究几何问题了。

解析几何中所使用的坐标系属于"外在坐标"，研究一条曲线，需要在曲线所在的平面上建立坐标，把曲线和它所在的平面放到一起进行研究；在研究曲面时，也需要把曲面与它的外在空间联系在一起。

例如，在解析几何里研究一个曲面，首先需要建立一个笛卡儿坐标，然后把曲面放进坐标系中，借助笛卡儿坐标得出曲面的方程：

$$z = f(x,\ y) \tag{16-1}$$

从式（16-1）不难看出，在解析几何中研究曲面，仅仅在曲面上研究问题是不够的，还需要把曲面与它的外在空间联系在一起。由此可见，解析几何中的笛卡儿坐标系，既包含了曲面，又包含了曲面的外部空间。因此，笛卡儿坐标系被称为外在坐标系。

从 1816 年起，高斯转向研究大地测量和地图绘制，开始利用数学方法测量地球的大小和形状。在长达 10 余年的时间里，他亲自参加了野外的实际测量，进行了大量的理论工作，在大地测量和地图绘制方面做出了贡献，还做出了几项重大发明。大地测量工作激起了高斯从纯理论的角度探讨曲面性质的兴趣，从而使他开始了微分几何学的开创性研究。

高斯之前的几何学家，在研究曲面时使用的都是外在坐标系，即需要把曲面与它的外在空间联系在一起。另外，在高斯之前，人们只是孤立地用微积分方法考察曲面上的某些性质，形成的也只是一些零星的结果，它们主要是用来作为微积分成果的几何解释。而在高斯的研究中，提出了一个全新的概念：一个曲面本身就是一个空间。高斯以这个概念作为出发点，发展出内蕴几何学，为直到今天的微分几何学开辟了一个全新的发展方向。

1827 年，高斯发表了《关于曲面的一般研究》，首次提出了内蕴曲面理论。

高斯在曲面上用两组曲线(u 线和 v 线)构建一个曲线网,称为坐标线或坐标网。于是,$u=u_i$ 和 $v=v_j$ 这个数对就可以确定曲面上的一个点 P,数对(u_i,v_j)称为点 P 的曲线坐标或高斯坐标。利用高斯坐标可以把曲面方程写成参数形式:

$$x = x(u,\ v) \tag{16-2}$$

$$y = y(u,\ v) \tag{16-3}$$

$$z = z(u,\ v) \tag{16-4}$$

高斯证明了曲面的许多几何性质均与曲面的第一基本二次型和第二基本二次型有关。其中第一基本二次型为

$$\mathrm{d}s^2 = E\mathrm{d}u^2 + 2F\mathrm{d}u\mathrm{d}v + G\mathrm{d}v^2 \tag{16-5}$$

式中,E,F 和 G 称为第一类基本量。第二基本二次型为

$$\varphi_2 = L\mathrm{d}u^2 + 2M\mathrm{d}u\mathrm{d}v + N\mathrm{d}v^2 \tag{16-6}$$

式中,L,M 和 N 都是 u 和 v 的函数,称为曲面的第二类基本量。通过对第一类基本量和第二类基本量的研究,可以证明曲面论的基本定理。

曲面论基本定理　两个曲面可以叠合的充分必要条件是:在适当地选择参数后,它们有相同的第一类和第二类基本量。

这个定理的意思是曲面的形状完全由第一和第二两个基本二次型确定。

由此可见,高斯的一个重要思想是曲面存在一些内在的几何性质,例如曲面上曲线的长度、两条曲线的夹角、曲面上区域的面积、测地线、测地曲率和总曲率等,这些性质只依赖于曲面的第一类和第二类基本量。研究曲面的内在几何性质,不需要把曲面放进外在的空间中,利用曲面的内蕴坐标就可以了,第一类和第二类基本量都是内蕴坐标 u 和 v 的函数。

高斯在 1827 年发表的《关于曲面的一般研究》,这篇文章对微分几何的发展起了决定性的作用,文中提出一个全新的观念,即一张曲面本身就是一个空间。在此之前,曲面一直被看作三维欧几里得空间中的图形,利用一个外在的笛卡儿坐标进行研究。高斯证明了曲面的几何可以在曲面上直接研究,通过

在曲面上引入内蕴坐标，即高斯坐标，曲面就可以用内蕴坐标进行研究。在曲面上引入内蕴坐标后，曲面的许多性质与外围空间的性态无关，而由曲面本身的性质决定。这种只由曲面本身性质决定的几何性质，人们称为内蕴性质。

高斯本人当时并没有意识到曲面的内蕴性质所产生的深远意义，而黎曼对此却深受启发，他效仿高斯处理三维欧氏空间中曲面所用的方法，推出一系列 n 维流形的几何性质，并在此基础上建立了黎曼几何学，黎曼几何把高斯的曲面理论作为 n 维流形几何结构的一个特例，黎曼几何使用的坐标也是内蕴坐标。

高斯、黎曼建立了微分几何，微分几何的一个重要思想是内蕴坐标。内蕴坐标的基本思想是，我们研究一个曲面，只需要在曲面上建立坐标，不需要把曲面以外的空间考虑进去；我们研究一个几何问题，只需要在几何范畴内建立坐标，不需要把几何以外的因素考虑进去。

总之，坐标方法在数学中经历了从笛卡儿的“外在坐标”到高斯的“内蕴坐标”的发展过程，如果注意到这一事实，并把内蕴坐标的思想运用到物理学中，这对解决物理学中的坐标定义问题会很有启发。

16.3　从高斯内蕴坐标中获得的启发

牛顿力学受到笛卡儿解析几何的影响，在解析几何里研究一个曲面，需要首先给出笛卡儿坐标，然后把曲面放进笛卡儿坐标中考察。牛顿把笛卡儿的这一思想推广到力学，在研究物体运动时，牛顿也需要给定一个坐标系，然后把物体放进坐标系中考察。

研究几何问题人为的规定坐标系是没有问题的，但是，对于物理问题主观地假设坐标系就必须给出理由。牛顿把物理学坐标系的定义问题，上升为哲学问题，通过对相对性与绝对性的讨论，引出了绝对坐标系的概念。

爱因斯坦在哲学观点上与牛顿截然相反，牛顿强调绝对性，爱因斯坦则主张完全的相对性，于是得出不存在特殊的坐标系，所有坐标系都平权的观点。

由此不难看出，物理学历史上围绕绝对空间展开的这场争论，其核心问题实际上是物理学中的坐标系究竟应该如何定义的问题。

在研究这一问题时，高斯的内蕴几何思想对作者启发很大。

在高斯之前，几何学家研究曲面，必须借助曲面以外的概念，给出一个“外在坐标”，把曲面放进坐标系中进行研究。高斯的工作表明，研究曲面不需要借助曲面以外的任何概念，利用曲面的“内蕴坐标”就可以研究曲面的性质。

由高斯的内蕴几何不难联想到，既然几何学可以利用内蕴坐标研究几何，物理学也应存在物理学的内蕴坐标，即根据物理学的内在规律定义物理学的坐标系。因此，作者认为，牛顿和爱因斯坦依据绝对性与相对性这两个哲学概念，确定物理学坐标系的做法是不正确的。

由此又遇到一个新问题，这就是依据什么规律来定义物理学的坐标系呢？

显然，首先想到的就是惯性，因为，目前物理学中已经有了惯性坐标系的概念。惯性坐标系的概念是由德国物理学家朗格于1885年提出来的，不过这个定义在逻辑上会出现自我循环。惯性参考系的定义是惯性定律在其中成立的一类参考系。惯性定律是指“一个不受外力的物体将保持静止或匀速直线运动的状态不变”。然而，“不受外力”又需要用“一个物体能在惯性系里保持静止或匀速直线运动状态”进行判断，这就形成了一个无法解脱的逻辑上的自我循环。

物理学的坐标系应该用物理规律来定义，但是，用惯性定义的惯性坐标系又遇到了逻辑上的自我循环。显然，我们需要找到另一个物理规律来代替惯性。根据马赫和爱因斯坦的思想，引力和惯性是等效的，于是我们想到用引力规律代替惯性定律来定义物理学的坐标系。

换句话说，按照马克思主义的观点，物理学研究的运动既不是牛顿的绝对运动，也不是爱因斯坦的相对运动，而是一种客观的物质运动。既然运动是客观的，描述运动的坐标系就应该用一个客观的物理规律来定义，这个规律应该是引力规律。

然而，在爱因斯坦狭义相对论中却没有引力规律，那么，为什么狭义相对论中没有引力规律呢？要回答这一问题，我们需要从狭义相对论的基本原理——狭义相对论原理谈起。

第 17 章 对狭义相对性原理的重新研究

在本书第一篇，我们提到爱因斯坦采用了把洛伦兹理论与相对性原理相结合的方法，创立了狭义相对论，我们还讨论了洛伦兹理论对狭义相对论的影响，下面我们讨论相对性原理对爱因斯坦理论的影响。

《爱因斯坦传》的作者亚伯拉罕在其书中写道："如果要用一句话来写他的科学传记，我会写：'同他以前和以后的任何人相比，他更好的发明了不变性原理'"。

确实不变性原理，即相对性原理是爱因斯坦的一个主要思想路线，这一思想贯穿了狭义相对论和广义相对论。因此，要想理解爱因斯坦理论，我们必须把握相对性原理的主要思想，了解这一思想的历史以及后来的发展。

17.1 狭义相对论是基于对称性的思想建立起来的一个理论

我们知道，相对性原理反映了物理规律的不变性，即对称性。对于对称性的研究在物理学上有相当长的历史，早在牛顿时代，物理学家就已经了解到对称性，但在牛顿力学里，对称定律仅仅是动力学定律的推论，对称的重要性并没得到普遍的认识。真正把对称的概念代入物理学是在 1840 年代。

1840 年代，随着能量守恒定律的发现、哈密顿原理的提出和群论的诞生，物理学家和数学家开始对守恒规律、不变性和对称性进行了系统的研究。

在1840年代以前，自然科学的发展为能量转化与守恒定律奠定了基础。机械能守恒是能量守恒定律在机械运动中的一个特殊情况，早在力学初步形成时就已经有了能量守恒思想的萌芽。例如伽利略研究斜面问题、牛顿研究钟摆问题、惠更斯研究完全弹性碰撞等都涉及能量守恒问题。流体力学中的伯努利方程实际上就是流体运动的能量守恒方程。永动机的失败这一历史教训，从反面给人们以启迪，一些科学家从永动机的否定中开始思考：永动机不能制成是不是说明自然界存在一条法则，不可以无中生有地获得能量。德国物理学家亥姆赫兹就是从永动机不能实现这一事实入手，发现了能量转化和守恒定律。19世纪中叶，能量转化和守恒定律得到了科学界的普遍承认。

虽然能量守恒定律在1840年代就已被发现，但是，守恒律与对称性之间的关系直到20世纪才被认识，而首先把对称的概念代入物理学的应该归功于英国物理学家哈密顿。

哈密顿是19世纪英国著名物理学家，他在分析力学的研究中，发展了拉格朗日的思想，借助广义坐标和广义动量的概念，建立了一个具有对称性质的哈密顿正则方程：

$$\frac{\partial H}{\partial q_i} = -\frac{\partial p_i}{\partial t}$$

$$\frac{\partial H}{\partial p_i} = \frac{\partial q_i}{\partial t}$$

哈密顿正则方程所呈现的优美的对称性，给人们留下了深刻的印象。

哈密顿不仅发展了牛顿力学中的对称性思想，而且他还通过正则方程把光学和力学联系起来。1834年，哈密顿曾说："这套思想和方法也已应用到光学和力学，看来还有其他方面的应用，通过数学家的努力还将发展成为一门独立的学问。"哈密顿这里所说的"这套思想和方法"指的就是对称性的思想方法。

随着量子力学的发展，物理学中开始大量地使用对称观念，描述物理系统状态的量子数常常就是表示这系统对称性的量。哈密顿原理在量子力学中的作用之大，量子力学的创始人之一薛定谔是这样评价的："哈密顿原理已经成为现代物理学的基石……如果你要用现代理论解决任何物理问题，首先得把它表示为哈密顿形式。"

在物理学的发展中我们常常看到这样一种现象，物理学的许多重要思想首先都来源于数学。不论是牛顿还是爱因斯坦，他们的工作都深受数学的影响。牛顿的《自然哲学的数学原理》明显是按照《几何原本》的模式写成的：无论是定义、定理和格式，还是从牛顿三定律到万有引力定律，都是效仿欧几里得公理化的方法论述的。爱因斯坦广义相对论的思想则是来源于非欧几何学。

这里我们要说的是，物理学中有关守恒定律与对称性关系的研究，这一工作也是起源于数学。伽罗华创立群论后，数学家对不变量，即对称性进行了系统的研究。希尔伯特对 19 世纪不变量理论进行了总结，他把 19 世纪不变量理论的发展分成三个阶段：朴素阶段、形式阶段、转折阶段，这三个阶段的主要代表人物分别是布尔、果尔丹和希尔伯特。19 世纪，果尔丹和希尔伯特等人关于数学不变量研究，到 20 世纪初终于在物理学上得到了应用，这就是著名的诺德定理：对称对应于守恒。直线运动产生的对称相当于动量守恒；转动的对称性相当于角动量守恒；而时间的对称性相当于能量守恒。换句话说，大千世界种种运动之所以产生守恒性，是因为事物内部存在着对称性。

总之，从 1840 年代以来，人们对守恒、不变性和对称性进行了系统的研究。经过将近 100 年的努力，到 20 世纪初，人们才最终认识物理规律的不变性、时间空间的对称性以及物理守恒定律三者之间的密切联系。按照现代物理学的观点，对称性、不变性和守恒定律在本质上是同一个概念，只是侧重点不同而已。物理规律在一定的时空变换下的不变性，分别对应于时间和空间的不同对称性；而从时间的均匀性、空间的均匀性以及空间的各向同性这些对称性原理出发，经过严谨的推理，人们可以推导出能量守恒定律、动量守恒定律以及动量矩守恒定律，因此，可以说这些守恒定律就起源于时空的对称性。

回顾历史，我们不难发现，从 1840 年代到 1956 年这 100 多年间，关于对称性、不变性和守恒律的研究成为数学家和物理学家的一个主要方向，这期间人们取得了一系列的成果，其中包括群论的诞生、能量守恒定律的发现、哈密顿原理、克莱因的埃尔兰根纲领的提出，果尔丹和希尔伯特等人关于数学不变量理论的研究以及由此导致的诺德定理的证明。

正是在这一历史背景下，爱因斯坦于1905年建立了狭义相对论。1921年，爱因斯坦在英国演讲时说相对论“不过是一条可以回溯几世纪的路线的自然继续。”爱因斯坦在这里所说的路线实际上是一条关于对称性的思想路线。这个思想就是“物理规律都是对称的”，爱因斯坦还把这一思想用公理的形式表述出来，这就是狭义相对性原理，这个原理和光速不变原理一起构成了狭义相对论的基石。

因此，对称性思想是狭义相对论的一块基石，狭义相对论本质上是关于对称性的理论。狭义相对论的对称性的思想就体现在狭义相对性原理中：物理学的定律在所有惯性参考系中都是相同的。

在1950年代中期之前，狭义相对性原理所体现的这种不变性或对称性的思想，是物理学家普遍接受的。

然而，在狭义相对论建立50年后，人们在对称性研究方面却得出了一个出人意料的结果，这就是1956年杨振宁和李政道提出的弱相互作用下宇称不守恒，这一重大发现开创了对称性破缺的研究，同时，也改变了人们关于对称性的认识。

17.2 一个出人意料的结果——宇称不守恒[78~80]

我们知道，物理学中有许多守恒定律，例如，动量守恒、角动量守恒和能量守恒等。由诺德定理可知，动量守恒对应于空间平移对称性，角动量守恒对应于空间转动对称性，能量守恒对应于时间平移对称性。除了这些人们熟知的守恒定律外，物理学中还有一个守恒定律，这就是宇称守恒，宇称守恒对应于空间反演对称性。

所谓空间反演指的是对于一个中心点的、空间坐标同时反过来的操作。例如，对于坐标原点，反演的坐标变换关系是将坐标(x, y, z)变成$(-x, -y, -z)$。数学上可以证明三维空间反演变换可以被分解为两个变换：一个是镜像反射变换，另一个是180°的旋转变换。镜像变换把左手变成了右手，因此镜像对称常常说成左右对称。旋转变换不会使系统的状态发生改变，无论空间怎么旋转，左手仍然是左手，另外，空间转动变换下物理规律具有不变性，考察空间反演变换实际上和考察镜像变换是等价的，因此，有时也说宇称守恒对应于左右对称。自然界中许多左右对称的物理过程都服从同样的物理规律，例如，图 17－1 是一个假想的情况。

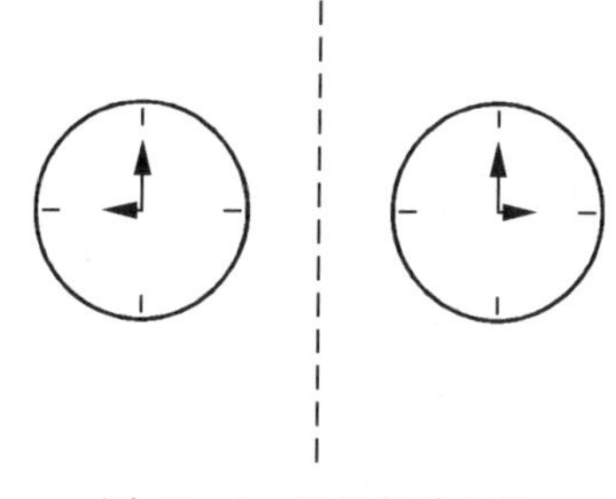

图 17－1　钟的镜像对称

图 17－1 的左边是一个普通的钟，右边是它在镜中的映像，如果我们按照镜中的映像再制造一个钟，并且制造这两个钟的材料和工艺完全一样，这样我们就有了对称的两个钟。如果开始运行时两个钟的指针是左右对称的，那么，这两个钟将会对称地走下去。

从这个例子可以看出，左右对称的两个物理过程都服从同样的物理规律。换句话说，虽然在镜像变换下，物理过程的状态变化了，但它们服从的物理规律是一样的。这个例子说明宏观物理规律是左右对称的。

在 1950 年代中期以前，通过对强相互作用、电磁相互作用的长期研究，大量的实验证明宇称守恒定律是正确的，即物理规律在上述相互作用下都是左右对称的。因此，这一观点很自然地被人们所接受并加以推广，当时，物理学家认为左右对称是物理学的普遍规律，在弱相互作用下也成立。然而，有一个问题却困扰着物理学家，这就是“$\vartheta-\tau$ 疑难”。

1940 年代末，物理学发展了一个新的领域，这就是粒子物理学。我们知道，基本粒子是构成所有物质的基本单元。随着科学技术的不断发展，人们对基本粒子的认识不断深化。在古希腊时期，人们认为物质是由原子组成的，原子的词义就是不可分的意思，所以，原子是古希腊人的基本粒子。1911 年，卢瑟福做了著名的 α 粒子散射实验之后，科学家发现原子是可以分割的，原子是由中间大质量的、带正电荷的原子核和外层带负电荷的电子组成的。1932 年，英国科学家查德威克发现了中子，使人们弄清了原子核也是可分的，是由质子和中子构成。至此，人们已经知道了 5 种基本粒子，它们是质子、中子、电子、正电子和光子。

第二次世界大战后，随着实验技术的不断改进，特别是大型加速器建造起来后，人们可以把粒子束加速到能够打击各种粒子，以产生新的粒子的程度。这样一大批新的粒子被发现了。现在人们知道的基本粒子已有数百种，而且，这个数量还在增加。1947 年，两位英国实验物理学家从宇宙线的实验中发现，当物质被高能量的粒子撞击的时候，在碎片中会产生新的粒子。科学家把这种非同寻常的粒子叫奇异粒子。

在这些奇异粒子中最使科学家大惑不解的，也使他们最感兴趣的是两个奇异粒子：ϑ 介子和 τ 介子的奇怪特征。物理学家发现，ϑ 介子和 τ 介子具有几乎完全一样的性质：相同的质量、相同的寿命、相同的电荷，以致人们不得不怀疑它们是否就是同一种粒子。然而，它们在宇称上的表现却又完全不同。ϑ 介子和 τ 介子衰变时，表现出完全相反的宇称。ϑ 介子和 τ 介子是不是同一种介子呢？研究基本粒子的物理学家把这个问题称为“$\vartheta-\tau$ 疑难”。

1956 年，李政道和杨振宁（见图 17－2）在研究物理学的一个难题——“$\vartheta-\tau$ 疑难”时发现，在电磁相互作用和强相互作用中，宇称守恒是有大量实验证明的，但是，在有关 ϑ 和 τ 介子衰变和 β 衰变等弱相互作用的实验中，却没有任何实验能够说明宇称守恒或者不守恒，也没有专门的实验检验这一问题。他们认为，弱相互作用中宇称也守恒只不过是人们的一种推想，而被大家接受下来。于是，李政道和杨振宁把一个关于 $\vartheta-\tau$ 介子的孤立问题演变成一个具有广泛意义的重要问题，即在所有弱相互作用中宇称是否守恒。

图 17－2　李政道和杨振宁

1956 年 6 月，李政道和杨振宁向美国《物理评论》提交了《弱相互作用中的宇称守恒问题》的论文，文章中写道：

“最近一些数据显示，ϑ 介子和 τ 介子的质量和寿命几乎完全相等。但是另一方面，它们衰变以后产生的粒子，如果以基础的角动量守恒和宇称守恒进行分析，则 ϑ 和 τ 又似乎不是同一种粒子。这种矛盾虽然经过广泛的讨论，仍然让人们感到迷惑。”

“走出困境的一条道路是假设宇称并不严格守恒，因此 ϑ 和 τ 是同一种粒子不同的衰变方式，它们具有相同的质量和寿命。我们希望在现有证实宇称守恒的实验报告中对这种可能性进行分析。现在很清楚的是，在强相互作用和电磁相互作用中，宇称在很高的精度上是守恒的，但是在弱相互作用中（例如在介子和超子衰变时的相互作用中以及各种费米子相互作用中），宇称守恒至今仍然只是一个外推性的假设……为了毫不含混地确定在弱相互作用中宇称是否守恒，我们必须完成一个实验来确定在弱相互作用中左右是否不相同。下面我们讨论一些可能达到这一目的的实验。”

接着文中具体建议在原子核的 β 衰变和基本粒子衰变中可以通过哪些实验来检验宇称是否守恒，他们一共提出了 5 个实验，其中一个就是极化 ^{60}Co 原子核的 β 衰变实验。1957 年吴健雄（见图 17－3）等人进行了这一实验，她以两套装置中的 ^{60}Co 互为镜像，一套装置中的 ^{60}Co 原子核自旋方向为左旋，另一套装置中的 ^{60}Co 原子核自旋方向为右旋，结果发现在极低温情况下，放射出来的电子数有很大的差异，吴健雄等人第一个用实验证实了弱相互作用过程中宇称的确是不守恒的。

图 17－3　吴健雄

吴健雄在实验完成后，有两个星期兴奋得无法入睡，再三问自己：为什么老天让她来揭示这个奥秘呢？她还深有体会地说：“这件事给我一个教训，就是永远不要把所谓‘不验自明’的定律视为是必然的。”[81]

17.3 由于历史的原因,在狭义相对论中爱因斯坦没有考虑到对称性破缺

前面我们已经论述了,狭义相对论是沿着一条对称性的思想路线建立起来的。自从牛顿建立经典力学,就有了力学相对性原理,麦克斯韦电磁理论的建立冲击了牛顿的绝对时空观,为了解决麦克斯韦理论与力学相对性原理之间的矛盾,爱因斯坦提出了狭义相对性原理,狭义相对性原理把伽利略的相对性原理从力学推广到物理学,丰富并发展了对称性理论。

因此,狭义相对论的提出不是偶然的,而是顺应了时代的潮流,是物理学历史发展的必然结果。爱因斯坦自己就曾说过:狭义相对论如果我不提出,5年内必有其他人建立起来。

既然相对论的建立有其历史渊源,因此,在狭义相对论中不可避免地留下历史的烙印。1905年,爱因斯坦建立狭义相对论时,物理学家普遍认为物理学的规律都应满足对称性,因此,爱因斯坦提出了狭义相对性原理,这个原理要求物理规律都满足洛伦兹变换下的协变性,而引力规律偏偏不满足这一性质,于是,爱因斯坦没有在狭义相对论中建立引力理论。换句话说,狭义相对论中没有引力理论这一状况是由历史原因造成的,在当时的历史背景下,爱因斯坦根据"物理学的规律都应满足对称性"的要求,提出了狭义相对论中没有引力理论。

然而,今天,随着物理学的发展,我们发现,当年爱因斯坦提出这一观点的物理依据已经不正确了,1956年李政道和杨振宁的重要发现表明,在我们对自然的探索中,出现了我们的确没有预料到的情况。

这个情况就是:不是所有的物理规律都满足对称性,物理世界几乎是对称的,但又不是完全对称的,总是存在着一个小小的例外。以宇称守恒为例,电磁力以及强相互作用都满足宇称守恒,然而在弱相互作用下却出现了例外。关于"大自然是几乎对称的,但又不是完全对称的"这一性质并不是宇称守恒特有的性质,除了宇称不守恒、左右不对称外,1956年之后,物理学家又发现了正反物质不对称、时间反演不对称等,在自然界中可以找到许多类似现象。

总之，在 1956 年以前，人们只认识了对称性，当时的物理学家认为，物理学的定律都应该满足对称性，然而，李政道和杨振宁的工作表明，这种观点是不正确的。虽然，这一发现震动了物理学界，但它的深远意义当时并没有被人们所认识，许多人只是把它当作一个特例来看待。

但是，1964 年，菲奇、克罗宁（见图 17－4）等 4 人又进一步发现 CP 不守恒，这一发现给物理学带来更大的震惊，16 年后的 1980 年，瑞典科学院授予菲奇、克罗宁等 4 人诺贝尔奖，在接受诺贝尔奖的演讲时，菲奇说："对于这个发现，过去 16 年之后的今天，还没有满意的说明，然而，它显示了 CP 对称性的破缺。"

图 17－4　克罗宁（左）和菲奇（右）

这说明，在物理学中虽然对称性很重要，但对称性破缺也不能忽视。用费曼的话说："物理世界几乎是对称的，但又不是完全对称的，其中存在着小小的例外或破缺。"

我们知道，任何一个伟大人物都不可能超越他所处的历史时代，爱因斯坦相对论诞生于 100 多年前，因此，不可避免地在相对论中存在一些历史的烙印，或者说，由于当时人们对一些物理问题的认识还不够深刻，从而导致爱因斯坦出现了失误。

今天的人们都知道，对称性和对称性破缺（或叫不对称性）是两个重要的物理概念,然而在100多年前人们只知道对称性的重要,对称性破缺的概念还没有形成,直到1956年李政道和杨振宁关于弱相互作用中宇称不守恒的工作提出后,人们才认识到对称性破缺的重要性。

狭义相对论是一个关于对称性的理论,爱因斯坦也是沿着对称性的思想建立了这一理论。然而,在爱因斯坦的时代,人们关于对称性的认识还不够深刻,对称性破缺的思想还没有形成,因此,在建立狭义相对论时,爱因斯坦只考虑了对称性,没有考虑非对称性,即对称性破缺,这是爱因斯坦的一大失误。

第18章 在狭义相对论中,爱因斯坦只考虑了对称性而没有考虑非对称性所带来的严重后果

马克思主义哲学中有一个重要规律——对立统一规律,这个规律告诉我们,在自然界、人类社会和人类思维等领域的任何事物中都包含着内在的矛盾性,事物内部的矛盾推动了事物的发展。根据对立统一规律,如果一个理论只考虑了矛盾的一个方面,而没有考虑矛盾的另一个方面,这个理论一定是不完善的。

爱因斯坦狭义相对论就存在这样的问题。

我们知道,对称性和非对称性是一对矛盾,在狭义相对论中,爱因斯坦只考虑了对称性,而没有考虑非对称性,由此必然给爱因斯坦相对论带来一些严重的后果。

18.1 后果之一:狭义相对论中出现了悖论

下面,我们通过一个例子说明缺少对称性破缺的思想,将导致在狭义相对论中确定性的丧失和悖论的出现。

假设有一个白色的圆盘,盘上没有花纹,因此,这是一个在任意旋转变换下都具有对称性的盘子。现在,把这个盘子放在桌子上,让大家观看,趁人们

不注意的时候，把盘子旋转一个角度，再放到原处，由于盘子是对称的，因此，没有人能够发现这个盘子实际上已经被旋转了一个角度。

这个例子说明，对称性反映了一种普遍的性质，即不可区分的性质，没有人能够区分出旋转之前的盘子和旋转之后的盘子有什么不同。若想把旋转前和旋转后的盘子区分开，只考虑对称性是不够的，必须引入对称性破缺的概念。

现在，我们用小锤在盘子的边缘处轻轻地敲打一下，让盘子有一个小小的缺口，这时再把盘子放在桌子上，对它做任何旋转变换，人们根据盘子上的破缺，就可以把旋转前和旋转后的盘子区分开。

这说明，完全对称的盘子它的状态是不确定的，人们无法把旋转前和旋转后的盘子区分开，若想让盘子有唯一确定的状态，就需要引入对称性破缺的概念，有了破缺，盘子的状态就确定了。

现在我们再回到物理学，通过前面的例子我们可以得出这样的结论：对称性揭示了物理现象的普遍性和规律性，而对称性破缺则反映了物理现象的特殊性和确定性。如果一个物理理论所有的规律都是对称的，那么，物理世界就是不确定的。我们知道，对称性和不对称性是一对矛盾，如果在一个理论中只考虑了对称性，而没有考虑到不对称性，这个理论一定是不完备的。

狭义相对论就存在这样的问题，由于爱因斯坦只考虑了对称性，而没有考虑到对称性破缺，由此导致在狭义相对论中确定性丧失和悖论的产生。

以孪生子悖论为例，前面我们讨论过这一问题，由于两个坐标系 S 和 S' 处于完全对称的状态，人们无法区分究竟哪个坐标系是静止的，这就是孪生子悖论产生的原因。

由此可见，狭义相对论只考虑对称性，而没有考虑非对称性，带来的后果之一就是狭义相对论中悖论的产生。

18.2　后果之二：狭义相对论中没有引力理论

爱因斯坦理论不完善的一个重要表现是爱因斯坦相对论在时空上的不统一。

19 世纪的经典物理学是一个建立在欧几里得时空基础上的理论，在这个理论中质量和电荷都是常量，时空的坐标变换满足伽利略变换公式。在经典物理学中有三个重要的物理定律：牛顿第二定律、牛顿万有引力定律和麦克斯韦电磁理论。

19 世纪末，经典物理学的内在矛盾被暴露出来，经典物理学的局限性也逐渐显现出来。为了克服经典物理学的局限，20 世纪初，人们先后建立了两个理论：爱因斯坦相对论和量子力学。

爱因斯坦相对论是对经典物理学的扩展。在狭义相对论里，爱因斯坦把经典物理学从欧几里得时空扩展到闵可夫斯基时空，时空变换公式也由伽利略变换推广为洛伦兹变换，经典物理学的质量等于常数，在相对论里变成了质量随速度变化。牛顿运动定律和麦克斯韦电磁理论也被扩展到狭义相对论，爱因斯坦证明了这两个理论都满足洛伦兹变换的协变性。由于万有引力定律不满足狭义相对性原理，爱因斯坦无法把万有引力公式推广到狭义相对论，于是他放弃了在闵可夫斯基中建立引力理论，改在黎曼时空研究引力，于是又建立了广义相对论。

表 18－1 给出了经典物理学和爱因斯坦相对论之间的对应关系。

表 18－1　经典物理学与爱因斯坦相对论的对应关系

	时空	运动理论	电磁理论	引力理论
经典物理学	欧几里得时空	牛顿运动定律	麦克斯韦电磁理论	万有引力定律
狭义相对论	闵可夫斯基时空	相对论的运动理论	相对论的电磁理论	
广义相对论	黎曼时空			相对论的引力理论

从表 18－1 不难看出：在经典物理学里，牛顿运动定律、万有引力定律和麦克斯韦电磁理论都建立在同一个时空——欧几里得时空之上。推广到相对论后，相对论运动理论和相对论电磁理论被放在闵可夫斯基时空用狭义相对论来研究；而相对论引力理论则放到黎曼时空用广义相对论进行研究。

换句话说，爱因斯坦的相对论存在着时空不统一的问题，爱因斯坦把经典物理学原本在同一时空的三个理论，推广到相对论后，放到两个不同的时空。

时空的不统一说明爱因斯坦的理论不完善，爱因斯坦似乎也意识到了这个问题，在他生命的最后 30 年，爱因斯坦一直致力于统一场论的建立，统一场论的目的就是把引力和电磁力统一起来，遗憾的是爱因斯坦没有实现这个梦想。

作者认为，爱因斯坦统一场论失败的原因之一是：在爱因斯坦的相对论中，引力理论和电磁理论分别属于两个不同的时空。真实的物理时空只有一个，不同的物理分支应该使用同一个时空理论，要建立统一理论必须首先统一时空，把不同的物理分支都放进同一个时空中进行研究，爱因斯坦没有考虑这一点，这也是爱因斯坦相对论的一个主要缺陷。

虽然爱因斯坦相对论取得了巨大的成功，但这个理论也存在一些问题和困难，其中的一个问题就是狭义相对论作为牛顿力学的推广，它却不能与牛顿力学完全匹配。为了更清楚地说明这个问题，下面我们不妨把牛顿力学和狭义相对论作一对比。

在牛顿力学里，质量是被看作常数的，它不随速度变化。1901 年，Kaufmann 做了一个电磁偏转实验，该实验是利用电磁偏转方法测定电子的运动速度与电子的荷质比 e/m 之间的关系。实验表明 e/m 随速度的增加而减小。后来，洛伦兹就是在电荷的电量不变的假设下，得出 m 随速度的变化公式，即

$$m=\frac{m_0}{\sqrt{1-\frac{u^2}{c^2}}}$$

上式就是狭义相对论的质速公式。从这个公式可以看出，在速度远远小于光速的情况下，即在 $\beta=\frac{u}{c}\rightarrow 0$ 的情况下，狭义相对论的质量公式将退化为牛顿力学的质量公式，因此，狭义相对论的质量公式可以看作牛顿力学质量概念的推广。

牛顿力学的时空观是绝对时空观，牛顿的时空观认为：时间、空间与物体的运动无关。如果用数学来描述牛顿力学的时空，那么，牛顿的时空是由三维欧几里得空间与一维时间所组成，时空的数学表述是伽利略的时空变换公式：

$$x' = x - ut$$
$$y' = y$$
$$z' = z$$
$$t' = t$$

爱因斯坦狭义相对论的时空则是时间与空间相互关联的四维时空，即闵可夫斯基时空，其中的时空变换公式是洛伦兹变换公式：

$$x' = \frac{x - ut}{\sqrt{1 - \frac{u^2}{c^2}}}$$
$$y' = y$$
$$z' = z$$
$$t' = \frac{t - \frac{ux}{c^2}}{\sqrt{1 - \frac{u^2}{c^2}}}$$

对比伽利略变换与洛伦兹变换，不难发现，洛伦兹变换是对伽利略变换的推广，其中把力学规律的相对性推广到物理规律的相对性；把时空绝对性推广为时空可变性。另外，在 $\beta = \frac{u}{c} \to 0$，洛伦兹变换公式将退化成伽利略变换公式。

我们知道，质量、时间和空间是力学的三个基本概念，力学的其他概念都可以由这三个概念导出，爱因斯坦把这三个概念从牛顿力学推广到狭义相对论，因此，从基本概念这一角度看，狭义相对论是对牛顿力学的推广。两者的主要区别在于：在牛顿力学里把质量看作常数，牛顿理论只能用于低速；在狭义相对论中对质量公式进行了修正，因此，狭义相对论适用于高速。

牛顿力学包括两部分内容：以牛顿第二定律为核心的牛顿运动理论和以万有引力定律为主要内容的牛顿引力理论。既然狭义相对论是对牛顿力学的推广，因此从逻辑上看，狭义相对论也应由两部分组成：狭义相对论的运动理论和狭义相对论的引力理论。

然而遗憾的是爱因斯坦建立狭义相对论时，只把牛顿运动理论推广到狭义相对论,却没有建立狭义相对论的引力理论。没有引力理论,狭义相对论就不能与牛顿力学做到完全匹配,即在低速时,我们不能从狭义相对论推导出牛顿力学的全部公式。这表明爱因斯坦狭义相对论的力学是一个不完整的理论,其中缺少一个重要的组成部分——引力理论。

狭义相对论之所以没有引力理论,主要原因是引力公式不满足对称性,即把牛顿万有引力公式推广到狭义相对论后,所得结果不满足洛伦兹变换下的不变性。而爱因斯坦建立狭义相对论时,物理学家普遍认为物理规律都应该满足对称性,由于引力规律不满足这一性质,于是爱因斯坦认为狭义相对论中没有引力理论,引力问题需要借助等效原理,用广义相对论来研究。

100 年后的今天,当我们重新对狭义相对论进行考察时发现,爱因斯坦当年的这一观点,从今天的角度看实际上是错误的。因为,杨振宁和李政道的工作已经表明,物理规律没有必要一定要满足对称性。

2003 年,李政道在接受记者采访时,对这个问题作了更详细的说明,他说:"在 1956 年以前,从经典物理到近代物理,都是对称的物理。1956 年以后,大部分的物理现象都发现有不对称性。不仅是宇称不守恒和左右不对称,电荷的正负也不对称,时间反演也不对称,真空也不对称,因而夸克可以被禁闭,不同的中微子间可以互相转换变化,连质子也可能不稳定……当然,并不是 1956 年忽然改变了外界的宇宙,而是 1956 年我和杨振宁发表的宇称不守恒的文章,改变了整个物理学界以前在'对称'观念上的一切传统的、根深的、错误的、盲目的陈旧见解。"

换句话说,1956 年以后,除了宇称不守恒和左右不对称之外,人们又发现许多不对称现象,归纳一下我们可得出这样的结论:在强相互作用和电磁相互作用中,物理规律都是对称的;但在弱相互作用中会出现不对称现象。

我们知道,引力作用是在已知的 4 种相互作用中最弱的一个,既然在弱相互作用中会出现不对称现象,因此,人们也就没有理由要求引力规律一定要满足洛伦兹变换下的不变性。

总之,物理学在不断地发展,人们关于对称性的认识也在不断地深化,从今天的角度看,爱因斯坦关于对称性的认识是有局限性的。由于这一认识上的局限性,爱因斯坦提出的狭义相对论中没有引力理论的观点是不正确的。

因此，狭义相对论中没有引力理论是爱因斯坦的又一失误。

18.3　孪生子悖论产生的根源和修改狭义相对性原理的重要性

前面的研究表明，爱因斯坦狭义相对论没有给出静止和运动的严格定义，静止和运动这两种状态不能区分，这是孪生子悖论产生的直接原因。

我们还知道，研究物体运动必须给出一个客观的坐标系，有了这个坐标系我们才能定义什么是静止、什么是运动？但在爱因斯坦理论中却没有给出一个确定的坐标系，这是孪生子悖论产生的又一原因。要定义客观的坐标系，需要借助一个客观的物理规律——引力规律，而狭义相对论中却没有引力理论。因此，狭义相对论中没有引力理论才是孪生子悖论产生的根源。

因此，要解决孪生子悖论问题，我们首先需要在狭义相对论中建立引力理论，而建立引力理论就需要修改狭义相对性原理。

(1) 修改狭义相对性原理是物理学历史发展的需要。

我们知道，对称性和不对称性(或对称性破缺)是一对矛盾，如果一个理论只考虑了矛盾的一个方面，而忽略了另一方面，这个理论一定是不完备的，爱因斯坦狭义相对论就存在这样的问题。

1905 年，爱因斯坦建立狭义相对论时，当时人们普遍认为物理规律都是对称的，在这一历史背景下，爱因斯坦提出了狭义相对性原理：物理学的定律在所有惯性参考系中都是相同的。

狭义相对性原理要求物理规律都满足对称性，即在洛伦兹变换下保持不变。然而，把牛顿万有引力定律推广到狭义相对论所得的结果不满足这个性质，于是，爱因斯坦认为狭义相对论里没有引力公式。

1956 年，杨振宁和李政道发现在弱相互作用下宇称不守恒，这一重要发现彻底改变了物理学家关于对称的观念，自此之后，对称性破缺的思想被引入到物理学中。今天，物理学家普遍认识到，虽然对称性很重要，但对称性破缺也不能忽视。换句话说，100 年前，爱因斯坦建立狭义相对论时的一个基本思想——对称性的思想，用现代的观点看已经不正确了，因为爱因斯坦没有考虑对称性破缺。

既然人们关于对称性的认识已经发生了改变,那么,随着物理学的发展,相对论中与对称性有关的内容也应该作相应的修改,基于这一观点,我们提出把对称性破缺的思想引入相对论,对狭义相对性原理进行修改,因此可以说,修改狭义相对论的基本原理是物理学历史发展的需要。

(2) 宇称守恒规律与狭义相对性原理之间的相似性也提示我们,需要对狭义相对性原理进行修改。

1957年,吴健雄等人第一个用实验证实了弱相互作用过程中宇称的确是不守恒的。诺贝尔奖获得者、美国物理学家塞格雷在《从X射线到夸克——近代物理学家和他们的发现》一书中写道:"宇称守恒定律的崩溃,也许是第二次世界大战以后最伟大的发现,它消除了一种偏见,这种偏见未经足够的实验验证,就曾被当作一条原理。"由于在其他的相互作用中宇称都是守恒的,于是人们自然而然地认为在弱相互作用中宇称也一定是守恒的。在李政道和杨振宁的论文发表之前,宇称守恒定律被看作和能量守恒定律一样,是物理学中一个"原理",谁也没有想到去怀疑它[82]。

回顾宇称守恒定律被推翻的这段历史,我们从中可以得到一个启发:在物理学的研究中千万不要迷信"原理",任何物理定律都不可以随意地推广。

由宇称守恒使作者联想到狭义相对性原理,宇称守恒定律和狭义相对性原理都是对称性规律,现在宇称守恒,即左右对称出现了破缺,那么,狭义相对性原理是否也存在类似的问题呢?

1905年,爱因斯坦建立狭义相对论时,他仅对运动定律和麦克斯韦电磁理论进行了研究,发现这两个规律在洛伦兹变换下具有协变性,于是他把这一性质推广到所有的物理定律,提出了狭义相对性原理。由此可见,狭义相对性原理和宇称守恒一样,都是用"外推"的方法提出的"原理",没有充分的实验根据。

另外,1956年之后,除宇称不守恒、左右不对称外,人们又发现其他一些不对称现象。这些现象表明:在强相互作用和电磁作用中,对称性通常都能得以满足;但在弱相互作用中会出现对称性破缺。我们知道,引力作用是目前已知的4种相互作用中最弱的一个。因此,无论从理论的角度,还是从实验的角度,我们都找不到理由要求引力规律必须满足洛伦兹变换下的对称性。因此,狭义相对性原理需要修改。

(3) 若想建立真正的、准确的广义相对论,必须修改狭义相对性原理。

在 McGraw-Hill 出版的《物理百科全书》"理论物理学"的条目中写道:"除了其名称外,很难找到狭义相对论同广义相对论有什么共同之处。"这句话完全正确,如果我们对爱因斯坦广义相对论进行分析便不难发现,在广义相对论中我们找不到狭义相对论的东西,例如狭义相对论的质量公式或速度公式;反而我们可以找到许多牛顿力学的东西,例如牛顿力学的速度公式和牛顿力学的势函数 φ 等。为什么会出现上述情况呢? 究其原因是爱因斯坦在建立广义相对论时,他没有将广义相对论与狭义相对论相连接、相匹配,而是利用牛顿极限,直接把广义相对论和牛顿力学连接起来,于是,便把牛顿力学的速度公式等代到了广义相对论的结果里,导致了爱因斯坦广义相对论实际上不是真正的相对论。

关于这个问题在参考文献[2, 3]中有详细的讨论,这里就不多说了。由此可见,若想建立真正的广义相对论,应该将广义相对论与狭义相对论相匹配,为此,我们也需要修改狭义相对性原理。

总之,狭义相对性原理是狭义相对论中两个基本原理之一,也是爱因斯坦相对论公理系统中的一个公理。当年爱因斯坦提出这一原理时,没有考虑到对称性破缺,然而,今天对称性破缺的重要性已被物理学家所认识,在这种情况下,我们需要把对称性破缺的思想引入相对论,对狭义相对论的基本原理进行修改。

显然,这项工作与罗巴切夫斯基的工作非常相似,因此,其后果必然是:当年发生在几何学的现象将在物理学中再现,即在物理学中导致一个新的相对论理论——非爱因斯坦相对论的诞生。

第19章 从公理化的角度看，理论上存在一个非爱因斯坦相对论

19.1 从公理化的角度看，欧几里得几何学不是唯一的几何学，爱因斯坦相对论也不是唯一的相对论

在1900年召开的国际数学家大会上，希尔伯特作了著名的《数学问题》的演讲，在这篇演讲中希尔伯特提出了23个数学问题。其中的第6个问题是："物理公理的数学处理"，即物理学的公理化问题。希尔伯特对这个问题是这样论述的："几何基础的研究提示了这样的问题：用同样的方法借助公理来研究那些在其中数学起重要作用的物理科学，首先是概率论和力学。"[83]

希尔伯特第6个问题对作者的影响很大，作者正是在思考力学公理化问题时，产生了用公理化的方法研究爱因斯坦相对论的想法。

公理化方法是科学研究中的一种重要方法，欧几里得的《几何原本》是公理化的一个典范，欧几里得从很少几个定义、公设、公理出发，运用演绎推理的方法，建立了欧几里得几何学的理论体系，欧几里得所创立的这一方法，即公理化方法对其后自然科学的发展产生了深远影响。

爱因斯坦曾经说过："如果欧几里得未能激起你少年时代的热情，那么你

就不是一个天生的科学思想家。”爱因斯坦深受欧几里得公理化思想的影响，爱因斯坦相对论也是效仿欧几里得公理化方法建立起来的理论，例如，狭义相对论就是从两个基本原理出发，用演绎推理的方法建立的一个理论。然而，相对论建立至今，还很少有人从公理化的角度对相对论进行研究，因此，用公理化的方法研究相对论是一个有着重要意义的课题。

用公理化方法建立的理论有一个特点，即公理化的理论通常不是唯一的，例如欧几里得几何学就不是唯一的几何理论。1826 年，罗巴切夫斯基通过修改欧几里得几何学的一个公理——平行公理，在欧几里得几何学之外建立了一个新的几何学——非欧几何学。欧几里得几何学中的平行公理为：

在一平面上，通过直线外一点只有一条直线与已知直线共面而不相交。

罗巴切夫斯基把欧几里得几何学的平行公理稍作改动，将“只有一条直线”修改成“至少两条直线”，罗巴切夫斯基修改后的平行公理变为：

在一平面上，通过直线外一点至少有两条直线与已知直线共面而不相交。

罗巴切夫斯基由此建立了一个全新的几何理论，在这个新的几何里，三角形内角之和小于两直角。罗巴切夫斯基称这种几何学为虚几何学，当时他的工作并未被人理解，直到 1860 年代，罗巴切夫斯基的工作才为数学界所公认，他的工作也是 19 世纪数学研究的一个转折点，从此之后对非欧几何学的研究成为了几何学的主流。

回顾非欧几何学的历史从中可以获得一个启示：通过对公理化理论中的某一公理进行修改，进而可以建立一个新的理论。

由罗巴切夫斯基的非欧几何学我们不难联想到爱因斯坦相对论。

我们知道，爱因斯坦相对论也是一个公理化的理论体系，这个理论体系包括：狭义相对论、广义相对论以及建立在广义相对论基础上的黑洞理论和宇宙理论，其中狭义相对论是这个理论体系的基础，而狭义相对性原理又是狭义相对论的一个公理。因此，从公理化的角度看，如果我们对狭义相对性原理进行修改，其结果必然出现与几何学相似的情况，在爱因斯坦相对论之外，可以建立一个新的相对论理论体系。

虽然历史不会重演，但历史常常惊人地相似。既然欧几里得几何学不是唯一的几何学，那么爱因斯坦相对论也不是唯一的相对论。作者这些年所做的工作其基本思想就是，效仿罗巴切夫斯基建立非欧几何学的方法，通过修改爱因斯坦相对论的一个公理——狭义相对性原理，进而建立一个新的相对论。为了避免与爱因斯坦相对论相混淆，作者仿照几何学的叫法，把这个新的相对论称为非爱因斯坦相对论。

19.2　两个狭义相对论的对比

我们知道，狭义相对论是对牛顿力学的推广，它把牛顿力学由低速推广到高速，把时空由欧几里得时空推广到闵可夫斯基时空。然而，由于没有考虑对称性破缺，爱因斯坦并没有把牛顿力学完整地推广到狭义相对论，他仅仅推广了牛顿运动理论，却没有推广牛顿引力理论。牛顿第二定律可以写成

$$F=\frac{\mathrm{d}(m_0 v)}{\mathrm{d}t} \tag{19-1}$$

在牛顿力学里，质量 m_0 是一个常量，现在我们知道这并不正确，物体的质量要随着速度的增加而增大。经过对质量的修正，爱因斯坦把牛顿第二定律推广到狭义相对论，将其写成：

$$F=\frac{\mathrm{d}(mv)}{\mathrm{d}t} \tag{19-2}$$

式中

$$m=\frac{m_0}{\sqrt{1-\frac{v^2}{c^2}}} \tag{19-3}$$

在牛顿力学里还有一个定律——万有引力定律，根据这个定律可以计算宇宙中两个天体之间的引力。设 m_{01} 代表宇宙中某一个天体（或质点）的静止质量，m_{02} 表示另一宇宙天体的静止质量，r_{12} 表示它们之间的距离，根据牛顿万有引力定律，两个宇宙天体之间的万有引力为

$$F_{12}=-\frac{Gm_{01}m_{02}}{r_{12}^3}r_{12} \tag{19-4}$$

如果按照推广牛顿第二定律的方法推广万有引力公式,所得结果在洛伦兹变换下不满足对称性,因而与狭义相对性原理相矛盾。由于这个原因,爱因斯坦没有把万有引力定律推广到狭义相对论,由此导致爱因斯坦狭义相对论不能与牛顿力学做到完全匹配。

换句话说,在牛顿力学中与引力有关的一些公式,在爱因斯坦狭义相对论中却找不到与其相对应的公式。例如,以静态球对称引力问题为例,在参考文献[2]中,我们利用牛顿引力理论推导出的一些方程:

$$m_0 \frac{\mathrm{d}u}{\mathrm{d}t} = -\frac{GMm_0}{r^2} \tag{19-5}$$

$$\beta = \frac{u}{c} = \sqrt{\frac{2GM}{rc^2}} \tag{19-6}$$

$$m_0 \frac{u^2}{2} + m_0 \varphi = 0 \tag{19-7}$$

式(19－5)～式(19－7)在爱因斯坦狭义相对论中没有与其相对应的公式。

在非爱因斯坦狭义相对论中,我们对狭义相对性原理进行了修改,引力规律不再需要满足对称性,于是,可以对牛顿万有引力公式进行推广,考虑到质量随速度变化这一因素,我们把牛顿万有引力公式中的质量 m_{01} 和 m_{02} 都改成相对论的质量,即把式(19－4)改写成

$$F_{12} = -\frac{Gm_1 m_2}{r_{12}^3} r_{12} \tag{19-8a}$$

式中

$$m_1 = \frac{m_{01}}{\sqrt{1 - \frac{V_1^2}{c^2}}} \tag{19-8b}$$

$$m_2 = \frac{m_{02}}{\sqrt{1 - \frac{V_2^2}{c^2}}} \tag{19-8c}$$

式中,m_1 代表静止质量为 m_{01} 的天体在运动时的质量,该天体在宇宙中的运动速度

为V_1，m_2 表示静止质量为m_{02}的天体在运动时的质量，该天体的运动速度为V_2。

经过上述修改，非爱因斯坦狭义相对论就可以研究引力问题了。用牛顿引力理论得到的式(19－5)～式(19－7)，推广到非爱因斯坦狭义相对论，分别变为

$$\frac{\mathrm{d}(mu)}{\mathrm{d}t}=-\frac{GMm}{r^2} \tag{19-9}$$

$$\beta=\frac{u}{c}=\sqrt{1-\exp\left(-\frac{2GM}{rc^2}\right)} \tag{19-10}$$

$$m_0\frac{u^2}{2}+m_0\Phi=0 \tag{19-11}$$

以上3个公式在参考文献[2]中有详细推导，这里就不重复了。总之，作者给出的非爱因斯坦狭义相对论与爱因斯坦狭义相对论相比，主要区别有以下几点：

(1) 非爱因斯坦狭义相对论是对牛顿力学全面的、完整的推广，它既推广了牛顿第二定律，同时也推广了牛顿万有引力公式，因此，非爱因斯坦狭义相对论可以做到与牛顿力学完全匹配，牛顿力学的公式在非爱因斯坦狭义相对论中都有与其相对应的形式。

(2) 非爱因斯坦狭义相对论是对爱因斯坦狭义相对论的补充和完善，它不仅保留了爱因斯坦狭义相对论的全部公式，而且在此基础上，又增加了狭义相对论的引力理论。

(3) 有了引力理论后，我们可以利用引力公式来确定坐标系，这样在非爱因斯坦狭义相对论中，坐标系的定义问题便可得到解决。

19.3 利用引力公式定义坐标系

在相对论的引力公式(19－8)中隐含地给定了一个坐标系，引力公式是只对这个特殊的坐标系——宇宙坐标系才成立。

为什么引力规律只适用于宇宙坐标系呢？下面我们从物理上分析这一

问题。

根据等效原理的思想，引力质量等于惯性质量，引力等效于惯性力，等效原理表明引力与惯性具有相同的物理属性。再根据马赫原理，孤立的物体是没有惯性的，惯性起源于宇宙所有其他物体的影响，惯性是由宇宙中全部物质的分布决定的，既然引力与惯性具有相同的物理属性，因此，引力也是由宇宙中全部物质的分布决定的。

因此，引力规律只适用于一个特殊的坐标系，即包含宇宙中全部物质在内的宇宙坐标系。只有在这个坐标系下，引力公式(19－8)才能成立。

前面我们曾提到，在狭义相对论中存在一个困难问题，即惯性坐标系的定义问题，引进了宇宙坐标系的概念，这个问题就可以解决了，借助宇宙坐标系，我们可以给出惯性坐标系的定义。

惯性坐标系定义：相对于宇宙坐标系静止或做匀速直线运动的坐标系称为惯性坐标系。

19.4　宇宙坐标系的实验依据

在 19.3 节我们定义了宇宙坐标系，人们或许会问，宇宙坐标系是否有实验根据呢？下面我们就讨论这一问题。

1960 年，美国贝尔实验室建造一个射电波天线，用来接收来自人造卫星的信号，到了 1964 年，已经没有必要再使用这种巨大的老式设备了。实验室的两位科学家彭齐亚斯和威尔逊(见图 19－1)决定利用它进行射电天文观测，他们做的第一件事情是消除系统本身的噪声。在检测射电接收器时，发现天线总是记录下某些额外的微波噪声，它的强度与天线的方向无关，也不受季节和气候的影响，并对应

图 19－1　彭齐亚斯和威尔逊

于3.5±1.0K的黑体辐射。

这种辐射噪声来自何方,彭齐亚斯和威尔逊在长达10个月的反复检查后,百思不得其解。一个偶然的机会,消息传到普林斯顿大学,迪克等人把这一现象和大爆炸宇宙学联系起来,因为根据大爆炸宇宙理论,早期宇宙遗留下一个小于10K的射电噪声辐射。不久,彭齐亚斯和威尔逊发表了他们的实验结果,同时,迪克等人给出这一实验结果的物理解释。1989年发射的宇宙背景探测器(COBE),在更广泛的波段,用更加精确的探测仪对微波背景辐射进行了深入的考察,在1992年得到了相当于温度2.736±0.017K的黑体辐射精确值。宇宙背景探测器在太空观测到的宇宙微波背景辐射强度随频率的变化,其结果与温度2.7K的热辐射理论曲线吻合得很好[84, 85]。

毫无疑问,彭齐亚斯和威尔逊的微波背景辐射是20世纪一个最重大的实验发现,关于这个实验的物理意义在参考文献[2]进行了详细讨论并给出另外一种解释,作者认为微波背景辐射是宇宙中暗物质的辐射,而不是宇宙大爆炸的遗迹,这里我们不讨论这个解释。下面只须注意,微波背景辐射事实上已经为宇宙坐标系的存在提供了实验依据。

如何寻找宇宙坐标系,我们可以按照以下思路进行:我们知道

地面坐标系相对地心坐标系的加速度 $a_1 \approx 3 \times 10^{-2}\ \mathrm{m/s^2}$。

地心坐标系相对日心坐标系的加速度 $a_2 \approx 6 \times 10^{-3}\ \mathrm{m/s^2}$。

日心坐标系相对银心坐标系的加速度 $a_3 \approx 10^{-10}\ \mathrm{m/s^2}$。

由此可见,按照上述方法类推下去,随着参照物的范围扩大,参考系将越来越接近理想的参考系,如果以整个宇宙中的物质作为参照物,这样就可以得到宇宙坐标系了。事实上,现在物理学家确实找到一个宇宙坐标系,每个星系的观察者都能够测定自己所在的参考系相对它的速度,这个坐标系的参照物就是“宇宙微波背景辐射”。

按照多普勒原理,如果我们的坐标系相对于微波背景辐射运动,则在运动的前方辐射谱发生蓝移,后方辐射谱发生红移。根据这一原理,Lubkin等人测量了太阳等天体相对微波背景辐射的速度。他们得出[86]:

太阳相对微波背景辐射的速度为360km/s。银河系相对于微波背景辐射的速度为600km/s。换句话说,微波背景辐射已经从实验上给出了一个宇宙

坐标系，而且，Lubkin 等人利用这个坐标系还测出了太阳和银河系等天体的运行速度。

总之，宇宙中存在一个由客观规律——引力规律确定的坐标系，我们把它叫作宇宙坐标系。这个坐标系描述的静止是客观的静止、运动是客观的运动。引力定律为宇宙坐标系提供了理论依据，而微波背景辐射又为这个坐标系的存在提供了实验依据。

最后，还需要对宇宙坐标系作一点补充说明。

我们研究物质运动，大多数情况下，不需要在宇宙坐标系中进行，只需要在宇宙的某一个局部区域考察就可以了，在这种情况仍然存在一个特殊的坐标系，即引力公式(19-8)得以成立的坐标系。例如：

如果我们只在地球附近研究问题，那么，地心坐标系就是一个特殊的坐标系，引力公式只对这个坐标系成立。

如果我们在太阳系内讨论问题，以太阳为中心的坐标系就是一个特殊的坐标系，在太阳系内，引力公式只对这个坐标系成立。

如果我们在银河系内研究问题，同样的道理，在银河中心处也存在一个特殊的坐标系，式(19-8)只对这个坐标系成立。

……

总之，如果讨论的问题涉及整个宇宙，我们可以在宇宙中找到一个特殊的坐标系，即宇宙坐标系；如果我们只在宇宙的某一区域内讨论问题，我们仍然可以找到一个特殊的坐标系，即在这个区域的质心处给出一个坐标系，引力规律只在这个坐标系中成立。

19.5　非爱因斯坦狭义相对论是对爱因斯坦狭义相对论的补充和完善

在科学上没有终极的理论，爱因斯坦的相对论也需要不断地完善和发展。作者针对爱因斯坦狭义相对论存在的问题，提出建立了一个新的相对论理论——非爱因斯坦狭义相对论。

19 世纪，罗巴切夫斯基对欧几里得平行公理作了改动，由此导致了非欧几何学的诞生。虽然历史不会重演，但历史却常常惊人的相似，作者建立非爱因斯坦相对论的方法，与当年罗巴切夫斯基建立非欧几何学的方法非常相似。罗巴切夫斯基通过修改欧几里得几何学的平行公理，建立了罗巴切夫斯基的非欧几何学。狭义相对性原理是狭义相对论中两个基本原理之一，也是爱因斯坦相对论公理系统中的一个重要公理。当年爱因斯坦提出这一原理时，没有考虑到对称性破缺，然而，今天对称性破缺的重要性已被物理学家所认识，在这种情况下，如果把对称性破缺的思想引入相对论，对狭义相对论的基本原理进行修改，其后果将类似于非欧几何学，在物理学中将导致一个新的理论——非爱因斯坦相对论的诞生。

作者正是根据这一思想，通过修改狭义相对性原理，建立了非爱因斯坦相对论。这个理论具有以下特点：

首先，非爱因斯坦相对论是对牛顿力学的全面推广：把牛顿力学由低速推广到高速，由欧几里得空间推广到闵可夫斯基空间；这个理论不仅推广了牛顿第二定律，同时还推广了牛顿万有引力定律；从而实现非爱因斯坦相对论与牛顿力学的完全匹配，即在 $\beta\to0$ 时，非爱因斯坦相对论的力学将退化为牛顿力学。

其次，非爱因斯坦相对论是对爱因斯坦相对论的修改与完善。既保留了狭义相对论的公式，同时又把对称性破缺的思想引入相对论，在狭义相对论中补充一个引力理论，借助这个理论可以解决惯性参考系的定义困难，给出运动和静止的客观定义，进而还消除了狭义相对论中的孪生子悖论。

第三，非爱因斯坦相对论还纠正了狭义相对论的一些错误，例如，运动物体的长度缩短这个观点在狭义相对论中已经流传了100多年，在上一篇我们论证了这是一个错误的观点，它与光速不变原理有矛盾，我们的结论是：在运动的参考系中，时间延迟了，但物体的长度不会因为运动而发生改变。有了这个结果，我们又解决了狭义相对论中与尺度问题有关的悖论，例如火车悖论。

最后，有一个问题需要注意，国内一位著名的相对论专家提出，爱因斯坦狭义相对论有充分的证据，要想质疑狭义相对论，必须对8个层次的证据作出合理的解释，这8个层次的证据是：

(1) 洛伦兹变换使麦克斯韦方程协变的事实。

(2) 光速不变性的相关实验。

(3) 洛伦兹变换的运动学效应及其相关实验。

(4) 洛伦兹变换的动力学效应及其相关实验。

(5) 量子电动力学理论的预言与实验结果的高度吻合。

(6) 电-弱统一理论的标准模型被实验证实证据。

(7) QCD 理论有很好的实验证据。

(8) 广义相对论的预言被实验证实。

作者建立非爱因斯坦相对论时，充分考虑了上述 8 个问题，因此，非爱因斯坦狭义相对论完全符合那位相对论专家提出的要求。

我们知道，非爱因斯坦狭义相对论与爱因斯坦狭义相对论的区别在于：爱因斯坦理论中没有考虑对称性破缺，而非爱因斯坦狭义相对论考虑了这一因素，允许引力作为例外，即不要求引力理论满足洛伦兹变换下的不变性，于是，引力公式与洛伦兹变换之间的矛盾消除了，于是，非爱因斯坦狭义相对论中便可以建立引力理论了。

由此可见，非爱因斯坦狭义相对论实际上是这样一个理论：

(1) 保留了爱因斯坦狭义相对论的全部公式。

(2) 纠正了爱因斯坦狭义相对论的一些错误。

(3) 在狭义相对论中补充了一个引力理论。

由于非爱因斯坦狭义相对论保留了爱因斯坦狭义相对论的原有公式，因此，爱因斯坦狭义相对论的实验依据，同样也是非爱因斯坦狭义相对论的实验依据。而爱因斯坦狭义相对论中与实验不符的某些结果，如运动物体长度缩短，在非爱因斯坦相对论中纠正这一错误后，理论与实验就完全吻合了。

另外，爱因斯坦狭义相对论的一些矛盾问题，如孪生子悖论，在非爱因斯坦狭义相对论中通过引入引力理论，这个问题也可以得到解决。

第20章 孪生子悖论的解决和爱因斯坦的三个失误

孪生子悖论是狭义相对论中的一个重要问题，围绕这个问题展开的争论已经持续了100多年。孪生子悖论也是作者与相对论物理学家存在分歧的一个主要问题，由孪生子悖论可以引出两个问题：

(1) 在狭义相对论中到底存在不存在矛盾，或者说，孪生子问题对于狭义相对论来说，是不是一个确定无疑的悖论？

相对论物理学家认为，孪生子问题不是悖论，狭义相对论中没有相互矛盾的东西，人们之所以把孪生子问题看成悖论，原因是他们没有正确地认识狭义相对论。

而作者认为，孪生子问题就是狭义相对论的一个悖论，它揭示了爱因斯坦狭义相对论中存在相互矛盾的东西，因此，狭义相对论是一个不完备的理论。

(2) 悖论的出现通常是由于理论中缺少某些重要思想或概念，孪生子悖论的出现说明狭义相对论中缺少了某个重要的东西，那么，狭义相对论究竟缺少什么呢？

通过本篇的研究，现在我们可以回答上面两个问题了，下面就对孪生子悖论的研究做一总结。

20.1　孪生子悖论揭示出狭义相对论是一个不完备的理论，其中缺少对坐标系的确切定义，以致静止和运动两个概念无法区分

通过对历史上几个著名悖论的考察以及根据哥德尔的不完备定理，我们发现，当一个理论中出现悖论时，说明这个理论是不完备的，其中一定缺少某个重要的东西。孪生子悖论就属于这样的问题。

在两个坐标系 S 和 S' 中的时钟，究竟哪一个走得慢了？这个问题本来是有一个客观的、明确的答案，即利用光信号的传递就可以确定哪个钟走得慢了。然而，在爱因斯坦狭义相对论中引入非惯性坐标系后，问题不但没有解决，还把问题复杂化了。我们的研究表明，孪生子悖论的确是爱因斯坦狭义相对论的一个悖论，因为，对于这个问题狭义相对论不能给出一个明确的答案。

在坐标系 S 中的观测者认为自己是处于静止的，把 $\Delta x = 0$ 代入洛伦兹变换中，于是得到

$$\Delta t' = \gamma \Delta t = \frac{\Delta t}{\sqrt{1 - \frac{u^2}{c^2}}} > \Delta t \tag{20-1}$$

由式(20－1)可以得出，在坐标系 S' 中时钟变慢了，即时间延迟了。

而坐标系 S' 中的观测者也可以认为自己是静止的，把 $\Delta x' = 0$ 代入洛伦兹逆变换中，又可得到另外一个公式：

$$\Delta t = \frac{\Delta t'}{\sqrt{1 - \frac{u^2}{c^2}}} > \Delta t' \tag{20-2}$$

根据式(20－2)，坐标系 S' 中的观测者认为，坐标系 S 中时间延迟了。这样在狭义相对论中就出现了两个相互矛盾的公式，正是这两个相互矛盾的公式导致了孪生子悖论的出现。

孪生子悖论的出现说明狭义相对论是一个不完备的理论，其中缺少某个重要的东西，即缺少了关于坐标系的确切定义。没有一个唯一确定的坐标系，

运动和静止这两个概念就不能严格地区分,两个坐标系的观察者都可以认为自己是静止的,由此导致了孪生子悖论的产生。

因此,狭义相对论中没有给出坐标系的确切定义以及运动和静止两个概念没有区分,这是爱因斯坦的又一失误。

20.2 爱因斯坦这一失误产生的主要原因

绝对性和相对性是一对矛盾,一个理论如果片面地强调矛盾的一个方面,而忽视了矛盾的另一方面,这个理论就一定会出现问题。

爱因斯坦狭义相对论建立在对牛顿力学进行批判的基础上,爱因斯坦在批判牛顿绝对运动的时候,把马赫关于相对运动的观点推向极端,片面地强调了运动的相对性,认为所有的惯性坐标系都是平权的。爱因斯坦的这一观点,连马赫都不能接受,马赫在临终前,断然否认自己是相对论的先驱。

如果所有的惯性坐标系都是平权的,那么根据这一观点,在两个坐标系 S 和 S' 中,每个坐标系的观察者都有自己的时空坐标,都可以主观地认为自己处于静止状态,而另一个坐标系在运动,于是,每个坐标系的观察者都认为对方的钟变慢了,这样孪生子悖论就产生了。

作者认为:运动不是"主观的、相对的"运动,而是"客观的、物理的"运动,因此,描述运动的坐标系应该用一个客观的物理规律来定义,借助引力规律我们定义了宇宙坐标系,在所有的惯性坐标系中,只有在宇宙坐标系中所有的物理规律(包括引力规律)都能成立,因此,只有宇宙坐标系所描述的现象才是客观的、真实的物理现象。而在其他的惯性坐标系中,虽然运动规律和电磁规律能够成立,但引力规律并不成立,所以,其他的惯性坐标系都不是客观的坐标系,这些坐标系所给出的结果有些可能是非真实的数学解,而不是真实的物理解。

另外,在爱因斯坦狭义相对论中运动和静止无法区分的问题,引入引力规律后这个问题也解决了。由于引力规律只适用宇宙坐标系,因此,这个坐标系才是客观的、静止的坐标系,这个坐标系中的观察者才是真正的、静止的观察者。而其他的惯性坐标系,由于都处于匀速直线运动状态,因此,其他坐标系都不是静止的坐标系。

有了静止和运动的严格区分,我们就可以解决孪生子悖论了。

在孪生子问题中,由于引力规律只适用一个坐标系,我们假设坐标系 S 是让引力规律成立的坐标系。因此,这个坐标系中的观察者才是真正静止的观察者,他给出的式(20-1)才是物理上合理的结果。而式(20-2)是坐标系 S' 中的观测者,误认为自己处于静止状态而得出的结果,在物理上是不合理的。知道了式(20-1)和式(20-2)哪一个是正确的,孪生子悖论也就随之解决了。

为了更好地说明这个问题,介绍一个与孪生子问题有关的实验,1966 年,在西欧核子研究中心(CERN),物理学家用 μ 子衰变做过一次实验,他们让一部分 μ 子绕圆周轨道运动的速度达到 $v=0.996c$。实验结果表明,运动的 μ 子比相对静止的 μ 子显得年轻一些,即运动的 μ 子衰变的时间延迟了一些。

以上实验表明,爱因斯坦关于运动都是相对的观点是不对的。在狭义相对论中爱因斯坦提出所有的惯性坐标系都是平权的,运动和静止这两种状态也没有区分。上述实验恰好说明了所谓运动的相对性、坐标的等价性都是不对的。换句话说,物体是静止还是运动,时钟走得快还是慢,都应该有一个客观标准,用一个客观的坐标系进行测量,爱因斯坦用主观的相对性代替了客观的物理性,这就是狭义相对论孪生子悖论产生的原因。因此,只有坚持认为运动是“客观的、物理的”,孪生子悖论才可以解决。

20.3　利用非惯性坐标系来解释孪生子悖论,这种解释是不能成立的

目前,有一些狭义相对论的学者利用非惯性坐标系解释孪生子悖论,他们认为,飞船(或飞机)上的时钟之所以变慢了,是因为飞船处于非惯性运动状态,而非惯性坐标系的时钟比惯性坐标系的时钟慢,所以,飞船上的时钟变慢了。

对于这种解释,作者不能同意。作者认为:首先,孪生子悖论涉及时间延迟效应,时间延迟效应是从洛伦兹变换公式得出的,而洛伦兹变换是两个惯性参考系之间的变换,如果孪生子问题必须用非惯性参考系进行解释,这就意味

着:由惯性坐标系的坐标变换公式推导出来的结果,需要用非惯性坐标系进行解释,这在逻辑上是讲不通的。其次,从时间延迟公式(20-1)也可以看出,在这个公式中时间只与速度有关,与非惯性坐标系以及加速度都没有关系。因此,讨论孪生子问题不需要使用非惯性坐标系和加速度概念。反而,当问题中出现非惯性坐标系时,我们还需要把非惯性坐标系的问题转换到惯性坐标系中进行讨论,以便使用时间延迟公式。

1971年,两位物理学家海弗尔和基廷把4只铯原子钟放在高速飞机上,然后让飞机绕地球一周返回原地。把飞机上的铯原子钟的读数和放在地面上的铯原子钟的读数进行比较,其结果也证明了飞行的钟比地球上的慢[87, 88]。

在海弗尔和基廷的实验中,飞机围绕地球做圆周运动,飞机就是一个非惯性坐标系,研究这个问题,我们首先需要把非惯性坐标系转换成惯性坐标系,根据等效原理,非惯性坐标系在局部可以看作惯性坐标系,因此,我们可以把飞机的整个运动过程分解成若干个时间段,每一段可以近似看作惯性运动,然后比较飞机上的观察者和地面观察者谁的速度快。在这个问题中,显然,相对宇宙坐标系来说,飞机的速度更快些,因此,在某个时间段内,飞机上的时钟会慢一些。上述分析对每一个时间段都成立,把所有结果叠加起来,最后得到当飞机返回地面时,飞机上的时钟变慢了。这样就解释了海弗尔和基廷的实验。

总之,孪生子悖论不能用非惯性坐标系解释,因为时间延迟公式与非惯性坐标系以及加速度都没有关系。反而,讨论非惯性坐标系中的时间问题,我们需要把非惯性坐标系在局部看作惯性坐标系,然后用惯性坐标系的时间延迟公式进行分析,进而解决非惯性坐标系的问题。

20.4 狭义相对论的悖论与爱因斯坦的失误

到此为止,对狭义相对论悖论问题的研究就基本结束了,现在对这个问题作一总结。

在爱因斯坦狭义相对论中存在两种悖论,第一种悖论与尺度收缩效应有关,例如火车悖论、潜水艇悖论等,这类悖论产生的根源是,在狭义相对论中存在一个错误,即运动物体长度缩短是洛伦兹基于牛顿时空观得出的一个错误结果，在狭义相对论中这个结果并不成立，爱因斯坦把洛伦兹的这个结果照搬到狭义相对论中，这是爱因斯坦的一个失误。

狭义相对论的另一种悖论是由时间延迟公式引起的，本书主要讨论了孪生子悖论。孪生子悖论产生的直接原因是：狭义相对论中没有给出坐标系的确切定义，由此导致运动和静止两种状态无法区分。造成这种情况更深层的原因是爱因斯坦狭义相对论中没有引力理论。

总之，通过以上研究我们发现，在狭义相对论中存在三个错误，即爱因斯坦有三个失误，这三个失误是：

(1) 爱因斯坦狭义相对论是一个不完整的理论，其中缺少一个重要的组成部分，即狭义相对论的引力理论。

(2) 狭义相对论中没有引力理论，就无法给出坐标系的确切定义，由此导致静止和运动两种状态无法区分以及孪生子悖论的产生。

(3) 爱因斯坦狭义相对论不是真正准确的相对论，其中存在着与牛顿力学有关的错误，运动物体长度缩短就是由牛顿时空观引发的一个错误。

狭义相对论是爱因斯坦理论的基础，爱因斯坦理论中的其他问题都与这三个失误有关。换句话说，爱因斯坦相对论中的其他错误都是这三个失误所带来的后果。

例如，在参考文献[4]我们论述了：由于狭义相对论没有引力理论，等效原理就没有数学方程，爱因斯坦广义相对论不能完全建立在狭义相对论的基础上，只能一半建立在狭义相对论的基础上，而另一半建立在牛顿力学的基础上，因此，爱因斯坦广义相对论实际上只是一个半相对论、半牛顿力学的理论。

爱因斯坦曾说过在场方程中引入宇宙项是他一生中的最大失误，以上研究表明，这一观点并不正确，爱因斯坦在狭义相对论中的失误才是他的最大失误。因为，狭义相对论是爱因斯坦理论的基础，爱因斯坦的广义相对论、黑洞问题和宇宙学等领域出现的所有问题，其根源都来自狭义相对论的失误。

第三篇

从历史、哲学和科学方法论等方面分析爱因斯坦失误产生的原因

本篇我们将对狭义相对论的创建过程进行重新研究，进而论述爱因斯坦失误产生的历史原因。

关于狭义相对论的创立，一直是科学史研究中的一个重要问题，许多科学史学者和科学哲学家对这个问题进行过研究。目前一种比较流行的观点是由美国科学史专家霍尔顿提出来的。

霍尔顿是一位科学史学家，他从史学家的角度研究相对论的建立。作者作为相对论的一名研究者，研究相对论的创立过程不是进行历史考证，而是相对论研究的需要。作者希望通过对相对论历史的考察，发现相对论存在的问题（错误），或者在相对论中发现问题之后，通过研究历史，找出这些问题产生的历史原因。由于作者与霍尔顿研究问题的角度不同，因此，所得出的结论也不同。

本篇将给出一个与霍尔顿上述观点完全相反的结果。另外，本篇还用马克思主义哲学对爱因斯坦的失误进行了分析，并从公理化的角度对这个问题进行了讨论。

第21章 爱因斯坦失误的历史原因

21.1 霍尔顿的两个观点

关于狭义相对论的创立，一直是科学史研究中的一个重要问题，许多科学史学者和科学哲学家对这个问题进行过研究。在众多爱因斯坦研究者中，杰拉尔德·霍尔顿是一位具有独特见解的研究者。

霍尔顿是美国著名的科学史家，爱因斯坦研究专家，曾任美国科学史学会主席，美国物理学会理事、物理学史分会主席。

霍尔顿是第一位系统研究爱因斯坦的科学史学家，除了在爱因斯坦的科学哲学思想方面提出了独特的见解之外，他在爱因斯坦研究中取得的成果主要集中在狭义相对论的起源方面。后来的学者只要讨论狭义相对论的起源问题，都绕不开霍尔顿的研究，本章将要讨论的问题就与霍尔顿的两个观点有关：

(1) 霍尔顿认为："迈克尔孙-莫雷实验对爱因斯坦理论的产生起的作用是微小的、间接的，以致人们可以设想，即使没有做这个实验，对爱因斯坦的工作也不会产生什么影响。"

在霍尔顿提出这一观点之前的半个世纪，大多数研究者都认为，迈克尔孙实验与爱因斯坦相对论存在密切的关系，狭义相对论起源于迈克尔孙实验。霍尔顿的观点提出后，引起了较多的争议，可以说持续到现在争论也没有结束。

(2) 霍尔顿认为,狭义相对论不是以别人已发表的著作为基础的,而是爱因斯坦一个人独立地建立起来的。

1953 年,惠特克出版了《以太和电学的历史》一书的第 II 卷,书中有一节的标题是"庞加莱和洛伦兹的相对论",在这一节里惠特克对相对论的起源问题是这样论述的:

"1905 年秋,爱因斯坦在《物理学年鉴》与他关于布朗运动论文的同一卷上发表了另外一篇论文。这篇文章把庞加莱和洛伦兹的相对论加以扩充,重新提了出来,引起了很大的注意……在这篇文章里,爱因斯坦修正了光行差公式和多普勒效应公式。"[47]

霍尔顿反对惠特克的观点,认为爱因斯坦的狭义相对论是独创的,既不是为别人已发表的著作所占先,也不是以别人已发表的著作为基础。

由于作者与霍尔顿研究问题的角度不同,因此,所得出的结论也不同,下面将给出与霍尔顿上述观点完全相反的结果。

21.2 霍尔顿的研究结果只能说明迈克尔孙实验对爱因斯坦工作没有直接的影响

在霍尔顿之前大多数人认为,迈克尔孙实验和爱因斯坦相对论之间存在密切的联系,而且这种观点还被写进许多物理教科书。霍尔顿认为,之所以出现这种情况的原因是,教科书对清晰的论述、明确的归纳推理都有较高的要求,为了使学生比较容易接受相对论,书中经常选择有把握的实验来增加说服力。

另外,教科书中的内容总是习惯于与著名科学家在科普和教材中的说法相一致。而许多著名科学家大多倾向于认为两者之间存在密切的联系。霍尔顿还以科学家密立根在爱因斯坦 70 岁诞辰的贺词为例,说明这种观点的普遍性。而且,爱因斯坦似乎也存在这种倾向,例如,在《狭义与广义相对论浅说》中,爱因斯坦对自己创立狭义相对论的过程只字未提,而偏偏提到了迈克尔孙实验。爱因斯坦在 1915 年发表的相对论文章中,也提到了迈克尔孙实验。霍尔顿认为，在这些论著中，爱因斯坦不是在进行“历史说明”，而只是在论述相对论的“合理性”。

香克兰教授也倾向于否定迈克尔孙实验与爱因斯坦相对论之间存在密切的关系。霍尔顿详细介绍了香格兰的研究，认为他的研究具有相当的可靠性。1950—1954 年间，香克兰曾 5 次去普林斯顿采访爱因斯坦，每次采访香克兰都作了记录，并于 1963 年发表了一篇题为《与爱因斯坦的谈话》的报道，他们的谈话主要讨论了迈克尔孙实验，以下两段是香格兰对谈话的描述：

> (1950 年 2 月 4 日)当我问他，他是怎样知道迈克尔孙-莫雷实验的时候，他告诉我，是通过洛伦兹的著作知道它的，但只是在 1905 年以后才引起他的注意！他说：“否则，我会在我的论文中提到它的。”他继续说，对他影响最大的实验结果，是对光行差的观察和菲索对流水中光速的测量。他说：“它们就足够了。”
>
> (1952 年 10 月 24 日)我问爱因斯坦教授，他最初是在哪听到迈克尔孙及其实验的。他说：“这可不容易回答，我不能肯定我第一次听到迈克尔孙实验的时间。在相对论占据我的生活的那 7 年中，我没有意识到它曾直接影响过我，我想我只是理所当然地认为相对论是正确的。”但是，爱因斯坦又说，1905—1909 年间，在他同洛伦兹以及别人讨论他的广义相对论的想法时，他对迈克尔孙的结果想得很多。这时他领悟到(他是这样告诉我的)，在 1905 年以前，他也已经意识到迈克尔孙的结果，部分是通过阅读洛伦兹的论文，更多的则是因为他直截了当地假定了迈克尔孙这一结果是正确的[49]。

根据上述描述，霍尔顿概括出三点：

(1) 虽然早就知道迈克尔孙实验这件事情，但只是在 1905 年之后，迈克尔孙实验才引起他的注意。

(2) 早些时候关于星光的光行差和菲涅耳以太拽引系数方面的实验，构成了爱因斯坦 1905 年论文最重要的实验基础。

(3) 根据他已经知道迈克尔孙的结果这一点可知，当他在洛伦兹的论文中看到这个结果时，显然不会有特殊的印象，因为他已经根据其他的理由，假定这个结果是正确的。

除此之外，霍尔顿还分析了爱因斯坦1905年的论文结构和内容，以说明爱因斯坦前后思想的一致性。最终，霍尔顿得出结论：

“迈克尔孙-莫雷实验对爱因斯坦理论的产生起的作用是微小的、间接的，以致人们可以设想，即使没有做这个实验，对爱因斯坦的工作也不会产生什么影响。”

对霍尔顿的这个结论，作者在此提出不同的意见。霍尔顿的上述工作只能说明迈克尔孙实验对爱因斯坦没有直接的影响，这个实验也没有引起爱因斯坦的关注。但不能说明这个实验对爱因斯坦没有间接的影响，更不能由此得出“即使没有做这个实验，对爱因斯坦的工作也不会产生什么影响”的结论。

实际上，迈克尔孙实验对爱因斯坦的影响是间接的，关于这一点，从爱因斯坦与迈克尔孙会面时的讲话可以得到佐证。1931年1月15日，爱因斯坦访问美国期间，在物理学家和天文学家举行的一次宴会上，爱因斯坦与迈克尔孙相遇了，这是他们二人唯一的一次会面。席间爱因斯坦发表了一个简短的讲话。

爱因斯坦以“我来到了多年来一直是我的工作中的真正同志之间”开始，然后，他将目光转向迈克尔孙，继续说道：“您，尊敬的迈克尔孙博士，当我还是一个不满3英尺高的青年人的时候，就开始了这项工作。是您引导物理学家们走上了新的道路，您的奇迹般的实验工作，为相对论的发展铺平了道路。您揭示了当时存在的光以太理论中的一个潜在的缺陷，它启发了洛伦兹和菲兹杰拉的思想，狭义相对论正是从这些思想中发展起来的。”[89]

从这个讲话不难看出：爱因斯坦认为，迈克尔孙实验启发了洛伦兹的思想，而洛伦兹的思想又影响了爱因斯坦，狭义相对论就是从洛伦兹的思想中发展起来的。因此，研究迈克尔孙实验与狭义相对论的关系，我们需要弄清两个问题：①迈克尔孙实验与洛伦兹理论之间的关系。②洛伦兹理论与爱因斯坦狭义相对论的关系。

21.3 迈克尔孙实验与洛伦兹理论之间的关系

迈克尔孙-莫雷实验否定了静止以太学说，而静止以太学说不仅为电磁理论所要求，而且还受到光行差现象和菲索实验的支持，为了摆脱由以太实验带来的矛盾和困惑，一些物理学家着手对迈克尔孙-莫雷实验的结果进行理论解释。

1889 年，菲兹杰拉在《科学》杂志上发表一篇文章，首次提出可以解决这个矛盾的设想，他假设物体在运动时，物体的长度要发生变化，变化的大小取决于物体的速度与光速之比的平方，这就是著名的收缩假说。1892 年，洛伦兹为了解释迈克尔孙-莫雷实验，提出了和菲兹杰拉同样的收缩假设，而且，洛伦兹还对这一假设进行了理论解释。洛伦兹认为："初看起来，这个假设似乎不可思议，但我们不能不承认，这绝不是牵强附会的，只要我们假定分子力也像电力和磁力那样通过以太而传递，平移很可能影响两个分子或原子之间的作用，其方式有点类似于荷电粒子之间的吸引与排斥。既然固体的形状和大小最终取决于分子作用的强度，因此，物体大小的变化也就会存在。"

1895 年，洛伦兹在研究不同坐标系电磁场的相关态时，进一步发展了他的理论，他发现不能用一个时间概念，于是提出了普通时和局域时（地方时）两个时间概念。在这一年他发表的《运动物体中电磁现象和光现象的理论研究》一文中，洛伦兹证明了一阶近似下的状态对应定理："设在静止参考系中存在着以 x, y, z, t 为变量表示的电磁状态，那么在以同样物理构造并以速度 v 运动的参考系中，以相对坐标 x', y', z' 和当地时间 t' 为独立变量的同样的函数所表示的电磁状态也必定存在。"也就是说，在这篇文章中，洛伦兹已经给出了一阶形式的洛伦兹变换。

1895 年的工作仅仅完成了洛伦兹理论的一阶近似，这个理论还需要进一步完善。庞加莱的中肯批评加快了洛伦兹的工作进程。

1900 年，庞加莱在巴黎召开的国际物理学会议上作了《实验物理学和数学物理学的关系》的讲演，其中特别谈到，洛伦兹理论是现存理论中最使人感到满意的理论，但是也有修正的必要。庞加莱认为，即使为了解释迈克尔孙实验的否定结果，需要引入新的假说，那么每当出现新的事实时，也同样有这种需要。毫无疑问，对于每一个新的实验结果创立一种特殊假说，这种做法是不自然的。假使能够利用某些基本假定，并且不用忽略这种数量级或那种数量级的量，来证明许多电磁作用与系统的运动完全无关，那就更好了。

庞加莱的批评启发了洛伦兹，他抱定彻底解决而不是近似解决问题的决心，经过重新研究，终于在 1904 年 5 月完成了题为《速度小于光速系统中的电磁现象》的论文。在这篇文章中洛伦兹找到了一种新的坐标变换关系，这个变换关系也就是今天人们所说的洛伦兹变换。实际上在洛伦兹之前，佛克脱于 1887 年就曾得到过类似的变换，1898 年，拉莫尔不但得到了洛伦兹变换，而且由该变换还推导出洛伦兹收缩。只是他们两人的工作没有引起人们的足够注意，而洛伦兹的工作系统地发展了电磁理论，格外受到人们的关注。

从以上论述我们不难得出这样的结论：迈克尔孙-莫雷实验与洛伦兹理论存在密切关系，洛伦兹就是为了解释迈克尔孙-莫雷实验而建立了洛伦兹理论，因此，可以说，没有迈克尔孙实验就没有洛伦兹理论。

21.4 洛伦兹理论与爱因斯坦狭义相对论的关系

1953 年，惠特克提出爱因斯坦的《论动体的电动力学》一文“把庞加莱和洛伦兹的相对论加以扩充，重新提了出来，引起了很大的注意……在这篇文章里，爱因斯坦修正了光行差公式和多普勒效应公式。”

对于惠特克的观点，霍尔顿、戈德堡、托尼拉和米勒等学者都提出了反对意见。他们反对的主要理由是：洛伦兹 1895 年以后的论文，特别是 1904 年发表的那篇重要论文，爱因斯坦在 1905 年的时候，几乎没有机会读到它。洛伦兹 1904 年的论文是在荷兰发表的，很难在短时间内引起人们的广泛注意。当时在柏林大学的劳厄和在波恩做副教授的考夫曼都无法得到论文的副本，曾写信给洛伦兹向他索要论文的单行本。在这种情况下，被排斥在学术界之外的无名青年爱因斯坦怎么会有条件看到洛伦兹 1904 年的论文呢？

霍尔顿还从爱因斯坦的《论动体的电动力学》一文中，找出 4 条证据证明爱因斯坦没有读过洛伦兹 1904 年的论文。

(1) 爱因斯坦确实给出了一个同洛伦兹变换等价形式的变换方程,但是,洛伦兹为了得到麦克斯韦方程的不变性,他是先验地假定了这些方程,爱因斯坦则是从两个基本原理推导出这些变换方程的。因此,爱因斯坦用不着知道洛伦兹 1904 年的论文。

(2) 爱因斯坦 1905 发表的其他两篇论文表明,别人的著作凡是他可以利用的,他在脚注中有给予作者以荣誉的习惯,但在狭义相对论的论文中没有提及洛伦兹 1904 年的论文,这说明他未受其益。

(3) 在狭义相对论的论文中说:对于 v/c 的一阶小量来说,已经证明凡是对于力学方程适用的一切坐标系,对于电动力学和光学定律也一样适用。可是,洛伦兹 1904 年的论文已经把理论扩展到二阶小量,爱因斯坦显然不了解这一情况。

(4) 爱因斯坦对带电粒子的动力学和质量的表示形式的约定选择,不如洛伦兹所选取的合适,1906 年普朗克指出了这一点。

作者以为,霍尔顿的上述分析只能说明爱因斯坦没有读过洛伦兹 1904 年的论文,但不能说明爱因斯坦不知道洛伦兹变换公式。从《论动体的电动力学》一文的内容来看,在这篇文章的第 3 节爱因斯坦推导出洛伦兹变换公式后,在第 4 节爱因斯坦就直接给出了运动物体长度缩短这一结果,爱因斯坦是这样论述的:

"我们观察一个半径为 R 的刚性球,对相对于动系 κ 是静止的,它的中心在 κ 的坐标原点上。这个球以速度 v 相对于 K 系运动着,它的球面的方程为

$$\xi^2+\eta^2+\zeta^2=R^2$$

用 x, y, z 来表示,在 $t=0$ 时,这个球面的方程为

$$\frac{x^2}{\left(\sqrt{1-\left(\frac{v}{V}\right)^2}\right)^2}+y^2+z^2=R^2$$

一个在静止状态量起来是球形的刚体,在运动状态——从静系看来——则具有旋转椭球的形状了,这个椭球的轴为

$$R\sqrt{1-\left(\frac{v}{V}\right)^2},\ R,\ R$$

这样看来,球的 Y 方向和 Z 方向的长度不因运动而改变,而 X 方向的长度则好像以 $1:\sqrt{1-(v/V)^2}$ 的比率缩短了”。

由此可见,爱因斯坦在得到洛伦兹变换后,在不作任何推导的情况下,就直接给出了运动物体长度缩短这一结果。从这一角度看,作者认为,1905 年爱因斯坦建立狭义相对论的时候,他应该知道洛伦兹变换公式,也知道从这个公式可以得出运动物体长度缩短的结论。如果爱因斯坦不知道这些,在给出上述结果之前,他应该把推导过程写出来,爱因斯坦没有给出推导过程,说明他认为这一推导大家都知道。事实上洛伦兹变换公式并不是洛伦兹首先得到的,实际上在洛伦兹之前,佛克脱于 1887 年就曾得到过类似的变换,1898 年,拉莫尔不但得到了洛伦兹变换,而且由该变换还推导出洛伦兹收缩,只是他们的名气没有洛伦兹大,后人才把这个变换公式称为洛伦兹变换。

既然这个公式在 1900 年之前就已经得到了,爱因斯坦在 1905 年时知道这个公式也就不足为怪了。另外,这个公式不是洛伦兹首先得到的,因此,爱因斯坦在文章中也没有必要向洛伦兹表示感谢。

再退一步讲,即使爱因斯坦不知道洛伦兹变换公式,但是,爱因斯坦对洛伦兹 1895 年以前的工作非常了解这一事实没有人提出异议。在洛伦兹 1895 年的文章中,已经给出了洛伦兹变换的一阶近似,还给出了地方时的概念和运动物体长度收缩的假说。换句话说,即便爱因斯坦是在只知道洛伦兹变换一阶近似的基础上,独立的推导出洛伦兹变换的准确公式,我们也可以说,爱因斯坦的工作是对洛伦兹工作的进一步发展。因此,惠特克的观点是有道理的。

实际上关于洛伦兹理论与狭义相对论之间的关系,爱因斯坦早已给出了明确的论述。在 1907 年发表的关于狭义相对论的一篇综述文章中,爱因斯坦写道:“下面对迄今为止通过把洛伦兹的理论和相对性原理相结合而开展的工作作一总结。”[48]

由此可见,爱因斯坦采用了把洛伦兹理论和相对性原理相结合的方法,通过对洛伦兹理论的改进而建立了狭义相对论。因此,霍尔顿关于“爱因斯坦的狭义相对论是独创的……不是以别人已发表的著作为基础的。”这一观点是不能成立的。

21.5　狭义相对论与洛伦兹理论的一个主要区别

惠特克说爱因斯坦的狭义相对论是"把庞加莱和洛伦兹的相对论加以扩充",这句话虽有一定道理,但并不准确。下面把狭义相对论与洛伦兹的理论作一对比,我们主要讨论这两个理论在时空观念上的差异。

洛伦兹在1927年谈到这一问题时说过:"因为必须变换时间,所以我引入了当地时间的概念,它在相互运动的不同坐标系中是不同的。但是我从未认为它与真实时间有任何联系。对我来说,真实时间仍由原来经典的绝对时间概念表示,它不依赖于参考特殊的坐标系。在我看来,仅存在一种真正的时间。那时,我把我的时间变换仅看作为一个启发性的工作假设,所以相对论完全是爱因斯坦的工作。"

关于时间的概念,爱因斯坦在《关于相对性原理和由此得出的结论》一文中写道:"大家都知道,理论同实验之间的那种矛盾,通过洛伦兹和菲兹杰拉的假设可以在形式上消除,但是,在这方面引进的这种特设假设,看来只是一种拯救理论的人为方法……为了摆脱上述困难,只需要足够准确地表述时间就行了,需要认识的仅仅是人们可以把洛伦兹引进的他称之为'地方时'的这个辅助量直接定义为时间。如果我们坚持上述的时间定义,并把前面的变换方程用符合新的时间概念的变换方程来代替,那么洛伦兹理论的基本方程就符合相对性原理了。"

爱因斯坦抛弃了"地方时"的概念,同时承认光速在不同的惯性参考系中都是相同的,然后按照庞加莱的方法在各个参考系中对钟进行校准,进而爱因斯坦提出了一种新的时间概念,这是对牛顿绝对时间概念的根本性改变。在此基础上,爱因斯坦又得出同时的相对性以及时间延迟效应等重要结果。

由此可见,洛伦兹理论与爱因斯坦狭义相对论的最主要的区别就在于时空观念的不同。在洛伦兹的理论中,虽然有洛伦兹变换,但它仅仅是一个工作假设,洛伦兹的理论仍然是牛顿绝对时空中的理论。而爱因斯坦通过两个基本原理推导出了洛伦兹变换,虽然形式上与洛伦兹理论中的坐标变换公式相同，但物理意义不同，在爱因斯坦的理论中，蕴含了一种新的时空概念，这就是闵可夫斯基时空概念。

换句话说，1905 年《论动体的电动力学》的发表，标志着物理学一场时空革命的开始，在此之前，物理理论都建立在牛顿绝对时空的基础上，而狭义相对论的建立，给物理学带来了一种新的时空。

基于以上讨论，我们认为，把爱因斯坦理论仅仅看作是洛伦兹理论的扩充是不正确的，把狭义相对论称为洛伦兹和庞加莱的相对论也不合适，仍应称作爱因斯坦狭义相对论，但是，有一个问题需要引起我们的注意：虽然狭义相对论中包含一种新的时空观，但爱因斯坦并没有意识到这一问题，这种新的时空概念也不是爱因斯坦提出来的，而是在 1908 年，由闵可夫斯基首先提出来的，而且在最初，爱因斯坦并不认可闵可夫斯基的工作。

换句话说，虽然狭义相对论是 1905 年创立的，但新的时空观是 1908 年才提出来，而爱因斯坦接受这一观念的时间则更晚。

1921 年 6 月爱因斯坦访问了伦敦，于 6 月 13 日在皇家学院发表了一个演说，在这篇演说中爱因斯坦对相对论的建立是这样论述的，他说：

“我能够荣幸地在这个曾经产生过理论物理学的许多最重要基本概念的国家的首都发表讲话，特别感到高兴。我想到的是牛顿所给我们的物体运动和引力理论以及法拉第和麦克斯韦借以把物理学放到新基础上的电磁场概念。相对论实在可以说是对麦克斯韦和洛伦兹的伟大构思画了最后一笔……”

“回到相对论的本身上来，我急于请大家注意到这样的事实：这个理论并不是起源于思辨，它的创建完全由于想要使物理理论尽可能适用于观察到的事实。我们在这里并没有革命行动，而不过是一条可以回溯几世纪的路线的自然继续。”

由此可见，爱因斯坦把相对论的建立看作是对麦克斯韦和洛伦兹理论的自然继续，我们知道，麦克斯韦和洛伦兹理论都属于牛顿绝对时空中的理论，爱因斯坦把相对论看作是洛伦兹理论的继续，这说明，对于爱因斯坦来说，牛顿时空与闵可夫斯基时空两者之间的界线并不清晰，在他的头脑中仍有一些牛顿时空的东西，这就不可避免地给相对论带来隐患。

21.6　对狭义相对论的建立过程的重新认识

通过以上讨论,可以得出这样的结论,即霍尔顿所说的狭义相对论是爱因斯坦一个人独立地建立起来的观点是不正确的。历史不是一个人创造的,狭义相对论也不是由爱因斯坦一个人创立的,而是由若干人共同建立起来的。

作者认为,1881年的迈克尔孙实验可以看作是建立狭义相对论工作的开始,为了解释这一实验,菲兹杰拉和洛伦兹分别提出了收缩假说,洛伦兹还提出了一个理论,也就是惠特克所说的庞加莱和洛伦兹的相对论。洛伦兹的理论仍属于牛顿时空的理论。1905年,爱因斯坦发表了《论动体的电动力学》一文,在这篇文章中爱因斯坦把洛伦兹的理论与相对性原理相结合,创立了自己的理论。虽然在爱因斯坦的理论中包含一种新的时空观,但爱因斯坦本人并没有意识到这一问题。1908年,闵可夫斯基文章的发表,才把这种新的时空观代入狭义相对论。闵可夫斯基之后,狭义相对论再没有大的突破。今天,狭义相对论教科书所讲授的内容,与1909年的狭义相对论没有太大的区别。

因此,我们可以说狭义相对论的建立工作,从1881年迈克尔孙实验开始,到1908年,闵可夫斯基文章的发表就基本结束了。这期间,迈克尔孙、莫雷、菲兹杰拉、洛伦兹、庞加莱、爱因斯坦和闵可夫斯基都为这一理论的建立做出了贡献。由于爱因斯坦的贡献很大,把这个理论称为爱因斯坦狭义相对论也未尝不可,但有一点必须记住,我们不要把爱因斯坦相对论的建立从历史中割裂开,把它看成是一个伟大天才独自一人创立起来的。这种观点不是历史唯物主义的观点。任何一个伟大人物都不可能超越历史时代。狭义相对论的建立是历史发展的必然结果,这个理论不是爱因斯坦一人独创的,而是由若干人经过几十多年的探索,共同建立起来的。

这里特别需要注意的是,今天的狭义相对论并不是一个完善的理论,造成这一情况的原因有两个:

其一,闵可夫斯基的文章发表后不久,闵可夫斯基和庞加莱先后不幸去世,使这个理论失去了两个最重要的奠基人。

其二,1907年11月,爱因斯坦便离开了狭义相对论这一领域,转而研究广义相对论。

由于上面两个原因，狭义相对论自1908年之后几乎就停止不前了。从这一角度看，狭义相对论实际上是一个尚未完成，还不够完善的理论。

作者认为，完善的狭义相对论应该是这样的理论，这个理论应该完全建立在闵可夫斯基时空基础上，其力学部分能够与牛顿力学完全匹配。而爱因斯坦狭义相对论显然不满足这一性质，它不是建立在闵可夫斯基时空的基础之上。而是把牛顿时空的理论，即洛伦兹理论与相对性原理结合起来产生的理论，因此，在爱因斯坦理论中存在着牛顿时空的痕迹，或者说，在爱因斯坦相对论中存在一些与牛顿时空有关的错误，“运动物体长度缩短”就是其中的一个错误。

爱因斯坦采用了把洛伦兹理论和相对性原理相结合的方法，通过对洛伦兹理论的改进而建立了狭义相对论。在狭义相对论中，爱因斯坦抛弃了“地方时”的概念，同时承认光速在不同的惯性参考系中都是相同的，然后按照庞加莱的方法在各个参考系中对钟进行校准，进而爱因斯坦提出了一种新的时间概念，这是对牛顿绝对时间概念的根本性改变。虽然，爱因斯坦在时间观念上进行了一场彻底的革命，但是在空间方面，却没有进行彻底的变革，他仍然保留了一部分洛伦兹的观点。在《论动体的电动力学》一文中，当爱因斯坦重新推导出洛伦兹变换公式后，便把有关“洛伦兹收缩”的观点照搬到了狭义相对论。

那么为什么爱因斯坦没有察觉到“洛伦兹收缩”是一个错误呢？其主要原因是爱因斯坦建立相对论时，他不了解迈克尔孙-莫雷实验的细节，也没有对这个实验进行深入的研究。我们知道，洛伦兹是为了解释迈克尔孙-莫雷实验，才提出了“洛伦兹收缩”的。由于爱因斯坦当时不知道迈克尔孙-莫雷实验的细节，他就不可能对这个实验进行详细的分析，因此，他只能相信洛伦兹的工作，于是，便把“洛伦兹收缩”照搬到狭义相对论中。

总之，爱因斯坦是采用把洛伦兹理论与相对性原理相结合的方法建立了狭义相对论，狭义相对论在时间概念方面，进行了一场彻底的革命，给出了一个新的时间定义，取代了牛顿的绝对时间。但在空间概念方面，爱因斯坦没有进行彻底的变革，由于他不了解迈克尔孙-莫雷实验的细节，因此，仍然保留了洛伦兹理论中的某些结果。于是，洛伦兹基于牛顿时空观提出的“运动物体长度缩短”的观点被保留在狭义相对论中。这就是“运动物体长度缩短”这一错误产生的历史原因。

换句话说，迈克尔孙-莫雷实验对狭义相对论的建立没有产生直接的影响，但对“运动物体长度缩短”这一错误的出现产生了直接的影响，由于爱因斯坦忽视了对迈克尔孙-莫雷实验的研究，使得在狭义相对论中出现了这个与牛顿时空有关的错误。

21.7　爱因斯坦失误的原因

通过对爱因斯坦狭义相对论的建立过程的重新考察，我们不难发现爱因斯坦失误产生的历史原因：

1）爱因斯坦狭义相对论的两个基础理论都有问题

以上讨论说明，爱因斯坦采用了把洛伦兹理论与相对性原理相结合的方法建立了狭义相对论，因此，可以说洛伦兹理论和相对性原理实际上就是爱因斯坦狭义相对论的两大基础。

今天，当我们重新考察这两个基础理论时，便不难发现这两个基础理论都有问题：

首先，洛伦兹理论属于牛顿绝对时空中的理论，爱因斯坦把相对论建立在洛伦兹理论的基础上，这就不可避免地造成爱因斯坦相对论带有牛顿时空的痕迹，即在爱因斯坦相对论中存在着与牛顿力学有关的错误。具体地说，狭义相对论中的“运动物体长度缩短”就是由牛顿力学引发的错误。

其次，从今天的角度看相对性原理也有问题。

我们知道，在爱因斯坦的时代，人们只知道对称性（守恒性或不变性）的重要，还没有对称性破缺的概念，对称性破缺的研究是李政道和杨振宁开创的。狭义相对论本质上是一个对称性的理论，它揭示了物理规律在洛伦兹变换下的不变性。因此爱因斯坦认为所有的物理规律都应该在洛伦兹变换下保持不变，但是，爱因斯坦始终推导不出一个满足洛伦兹变换的引力方程，最后他放弃了在狭义相对论中建立引力理论，提出狭义相对论中没有引力理论。

现在重新考察爱因斯坦的观点，不难发现爱因斯坦提出这一观点是由于时代的局限性造成的，今天物理学家都认识到对称性破缺的重要性，用费曼的话说，物理学几乎是对称的，但又不完全对称，总是存在着小小的例外或破缺。如果把这一思想引入狭义相对论，就不需要引力方程满足洛伦兹变换，这样我们便可以在狭义相对论中建立引力理论了。

2）爱因斯坦相对论的数学基础不牢固

除了上述原因外，相对论出现问题还有一个原因，这就是爱因斯坦相对论的数学基础不牢固。

虽然爱因斯坦建立了狭义相对论，但爱因斯坦并没有发现狭义相对论中包含一种新的时空观。第一个提出新的相对论时空观的是闵可夫斯基，1908年，闵可夫斯基的《空间和时间》论文的发表，表明一种新的时空观——闵可夫斯基时空观建立起来了。然而，起初爱因斯坦对闵可夫斯基的工作并不感兴趣，甚至他还嘲弄道："重要的是内涵，而不是数学。"爱因斯坦认为相对论的核心是物理学原理，而不是漂亮而无意义的数学公式，他将闵可夫斯基的工作称为"花哨的学问"，即 superfluous erudition。后来爱因斯坦还半开玩笑地说过："自从数学家研究相对论之后，我就再也搞不懂它了。"[93]

另外，爱因斯坦认为把他的理论转变成张量形式，完全是"多余的知识卖弄"。1916 年 1 月 3 日，爱因斯坦在给贝索的信中写道："研究闵可夫斯基对你不会有什么帮助，他的论著是无用的复杂。"

从数理逻辑的角度看，悖论都是针对某一理论而言的，只有在这个理论的范围内讨论悖论才有意义。但爱因斯坦显然不知道数理逻辑的这一常识，他把狭义相对论的孪生子悖论，放到狭义相对论之外去讨论，这一处理方法上的错误，也是狭义相对论的悖论问题长期得不到解决的一个原因。

爱因斯坦的数学基础不牢固不仅表现在狭义相对论上，在广义相对论也存在同样的问题，广义相对论的基本思想是等效原理的思想，但爱因斯坦只把这一思想用语言表述出来，却没有给出等效原理的数学方程。

另外，我们知道，在广义相对论建立之初，这个理论是由爱因斯坦和他的同学格罗斯曼合作完成的。在 1912—1913 年期间，爱因斯坦对黎曼几何尚不清楚，他在格罗斯曼的帮助下学习非欧几何，并与格罗斯曼合作，克服了数学上的困难，完成了广义相对论的理论框架。1913年发表的《广义相对论和引力论纲要》就是爱因斯坦与格罗斯曼合作完成的[90]。

在这篇文章中，爱因斯坦负责物理部分，格罗斯曼负责数学部分。由于爱因斯坦不熟悉黎曼几何，而格罗斯曼又不懂物理，于是他们合作建立的广义相对论便出现了一些问题：虽然爱因斯坦提出的等效原理的物理思想很好，但格罗斯曼并没有把爱因斯坦的这一思想用数学方程表述出来；爱因斯坦想建立的是一个相对论的引力理论，格罗斯曼用数学给出的却是一个半相对论、半牛顿力学的理论。这就是为什么爱因斯坦广义相对论从物理上看，即从文字上看，属于广义相对论，但从数学公式上看却是广义牛顿引力理论。导致这一情况发生的主要原因是爱因斯坦和格罗斯曼最初构建的理论框架存在问题。作者认为，正确的物理思想必须用准确的数学方程来表述，才能得出正确的结果。爱因斯坦和格罗斯曼的合作，恰恰在这个方面出现了失误，这就是广义相对论出现错误的一个主要原因。

3）爱因斯坦对狭义相对论和广义相对论的研究都不充分

研究相对论的历史我们还发现，从1901年3月爱因斯坦发表第一篇科学论文，到1955年爱因斯坦去世前几个月发表的最后一篇短评，在这54年时间里，爱因斯坦共发表了200多篇科学论文。从《爱因斯坦全集》的目录和《爱因斯坦年谱》，我们可以看到，爱因斯坦对狭义相对论的研究主要集中在1905—1907年期间。1907年11月，爱因斯坦坐在伯尔尼专利局的椅子上，通过一个思想实验——升降机实验，产生了等效原理的思想。此后，爱因斯坦便转向广义相对论的研究，除了1908年发表了两篇狭义相对论的论文以及后来写过几篇综述文章和有关质能公式新的推导外，爱因斯坦再没有写过狭义相对论的论文[91,92]。

从1907年11月开始，爱因斯坦用了8年时间完成了广义相对论，广义相对论完成后不久，1917年爱因斯坦写了一篇宇宙学文章。其后，爱因斯坦开始思考统一场论的问题，在以后的30多年的时间里，爱因斯坦一直致力于统一场论的研究。

由此可见，爱因斯坦对狭义相对论的研究只有两年多的时间，对狭义相对论的悖论他没有进行过深入的研究和思考，换句话说，爱因斯坦在狭义相对论尚未完善的情况下，便开始研究广义相对论了。爱因斯坦对广义相对论的研究也不充分，广义相对论刚一建立便遇到了“奇点困难”，对于奇点问题，爱因斯坦也没有进行过深入思考，在奇点问题上，他只写过一篇文章。

如果我们把爱因斯坦理论比喻成一座大楼，狭义相对论是大楼的基础，广义相对论建立在狭义相对论之上，广义相对论的上面是宇宙学和统一场论。那么，爱因斯坦这座大楼出现问题的原因是：爱因斯坦在这座大楼的基础——狭义相对论尚未完成的情况下就开始建造广义相对论了；在广义相对论尚未完善的情况下，又忙于研究宇宙学和构造统一场论。换句话说，爱因斯坦把他一生的大部分时间，用于这座大楼的顶层建造，而忽视了这座大楼的基础并不牢固，这就是爱因斯坦失误的又一原因。

第22章 用马克思主义哲学分析爱因斯坦的失误

22.1 爱因斯坦既是一位科学家,同时也是一位哲学家

1949年,爱因斯坦70岁生日的时候,石尔普编辑出版了一本论文集,书名是《爱因斯坦:哲学家—科学家》,从这本书的书名可以看出爱因斯坦在人们心中的形象:他不仅是一位伟大的科学家,同时还是一位哲学家[94]。

1905年是爱因斯坦的奇迹年,这一年爱因斯坦发表了5篇文章,从此爱因斯坦伟大科学家的形象便树立起来了。那么,爱因斯坦是什么时候被称为哲学家的呢?说起来有点让人难以相信,第一个称爱因斯坦为哲学家的人竟是一位神学家,他的名字叫阿道夫·冯·哈纳克(Adolf von Harnark),1911年,这位神学家在柏林大学的讲话中说:"人们抱怨我们这一代没有哲学家,可是他们错了。他们现在在别的学院里,他们的名字是马克斯·普朗克和阿尔伯特·爱因斯坦。"这位神学家还说过什么人们早已忘记了,唯独上面这几句话常被后人引用。1949年,在向爱因斯坦祝贺70寿辰时,索末菲就引用了这几句话。

爱因斯坦相对论的建立,不仅震撼了物理学,改变了物理学家对时空的认识;同时,由爱因斯坦理论引发的冲击波也传播到哲学界,相对论对哲学也产生了巨大的影响,它为科学哲学特别是为认识论和方法论增添了新的内容。

从1920年代以来，许多重要的哲学著作，尤其是科学哲学著作，其中没有提到爱因斯坦或相对论的几乎很少。

爱因斯坦相对论之所以对物理学家和哲学家都很重要，用霍尔顿的话说："原因在于爱因斯坦的著作不仅提供了一个新的物理学原理，而且正像怀特海所说的，提供了'一种原则，一种方法和一种解释'。"[50]

从20世纪早期一直到现在，国外已有大量的关于爱因斯坦的科学哲学的论著发表，其中有些著作影响很大，例如，弗兰克的《爱因斯坦的科学哲学》、《爱因斯坦、马赫与逻辑实证主义》，霍尔顿的《马赫、爱因斯坦和对实在的探索》，法因的《爱因斯坦的实在论》以及霍华德的《爱因斯坦真的是实在论者吗?》等。这些论著从不同的角度探讨了爱因斯坦的科学哲学思想[95~101]。

1960年代以来，国内也发表了许多关于爱因斯坦科学哲学思想的论著，例如，李宝恒、林因的《试论爱因斯坦的哲学思想》，许良英的《爱因斯坦的唯理论思想和现代科学》，李醒民的《爱因斯坦》等[102~108]。

通过对上述著作的研读，作者发现，在爱因斯坦哲学思想的研究中，有一个领域的研究不够充分，甚至可以说几乎还是一个空白，这就是马克思主义哲学思想与爱因斯坦哲学思想的对比。

在20世纪50～70年代，国内学者几乎一边倒地认为，爱因斯坦的哲学思想属于唯心论哲学思想。而1980年代之后，又普遍认为爱因斯坦的思想是科学的唯物论，处处闪耀着辩证法唯物主义的光辉。

对于上面这两种说法，作者都不赞同，作者认为，在爱因斯坦的科学哲学中确实包含许多与辩证唯物主义相一致的思想，但是，爱因斯坦的哲学思想中也存在着一些与马克思主义哲学相矛盾的东西，而且，这些内容又与爱因斯坦的失误密切相关。下面，我们就讨论爱因斯坦科学思想中与马克思主义相矛盾的地方，或者说，我们将从马克思主义哲学的角度，分析爱因斯坦失误产生的原因。

22.2 用马克思主义观点分析爱因斯坦失误产生的原因

前面我们指出，在狭义相对论中爱因斯坦有三个失误：

(1) 爱因斯坦狭义相对论是一个不完整的理论,其中缺少一个重要的组成部分,即狭义相对论的引力理论。

(2) 爱因斯坦狭义相对论是一个不确定的理论,其中没有给出坐标系的确切定义,由此导致静止和运动两种状态无法区分以及孪生子悖论的产生。

(3) 爱因斯坦狭义相对论中存在着与牛顿力学有关的错误,运动物体长度缩短就由牛顿时空观引发的一个错误。

从马克思主义哲学的角度看,前面两个错误产生的原因与对立统一规律有关。

对立统一规律是马克思主义的一个重要规律,也是辩证唯物主义的核心,这个规律告诉我们,任何事物都包含着内在的矛盾性,矛盾的双方相互依存,这就是矛盾的同一性,矛盾的同一性也是事物存在和发展的前提。

根据对立统一规律我们不难得出,一个理论如果只考虑了矛盾的一个方面,而忽视了矛盾的另一方面,这个理论就一定会出现问题,爱因斯坦狭义相对论就存在这样的问题。

狭义相对论本质上是一个关于对称性的理论,对称性和非对称性是一对矛盾,在狭义相对论中,爱因斯坦只考虑了矛盾的一个方面——对称性,而完全没有考虑矛盾的另一方面——非对称性,即对称性破缺,由此导致爱因斯坦狭义相对论是一个不完整的理论,其中缺少引力理论。

1905年,爱因斯坦建立狭义相对论之后,曾试图在狭义相对论中建立一个引力理论,然而,几经努力始终找不到一个在洛伦兹变换下保持不变的引力公式,于是他放弃了在狭义相对论中建立引力理论的打算。爱因斯坦之后,又有一些人做过这方面的尝试,然而都以失败告终。这表明引力理论与狭义相对性原理之间存在着矛盾。因此,要想在狭义相对论中建立引力理论,必须引入对称性破缺的思想,修改狭义相对性原理。

因此,在狭义相对论中没有考虑对称性破缺,由此导致狭义相对论中没有引力理论,这就是爱因斯坦第一个失误产生的哲学原因。

绝对性和相对性也是一对矛盾,在研究运动问题时,爱因斯坦片面地强调运动的相对性,而忽视了运动的绝对性,即运动的物质性和客观性。按照马克思主义的观点,运动和物质是不可分离的,用恩格斯的话说:“运动是物质的存在形式”[109]。

宇宙间的所有运动都是物质的运动、客观的运动。既然运动是物质的、客观的运动，我们研究运动时就不能只考虑运动的相对性，而忽视了运动的客观性，爱因斯坦狭义相对论恰恰忽视了这一问题。爱因斯坦认为运动都是相对的，根据这一思想他提出，所有的惯性坐标系都是平权的，由此导致在狭义相对论中运动和静止这两个概念无法区分，这就是爱因斯坦第二个失误产生的哲学原因。

爱因斯坦的第三个失误的哲学原因在于对真理的认识，马克思主义认为，真理是客观的，客观真理是不以人的意识为转移的。根据这一观点，物理学的结果都是客观的，不同的观测者在不同的位置进行观测，所得结果应该是一致的，不应该得出相互矛盾的结果。在狭义相对论中，爱因斯坦忽视了这一问题，这就是运动物体长度缩短这一错误产生的原因。

由此可见，在爱因斯坦的三个失误中，前面两个失误的原因是由于违反了对立统一规律，爱因斯坦只考虑了矛盾的一个方面，而忽视了矛盾的另一方面；而第三个失误则是源于对真理认识上出现了偏差。换句话说，爱因斯坦的上述三个失误，如果用马克思主义观点看，我们还可以这样论述：

(1) 在狭义相对论中爱因斯坦只考虑了对称性，而没有考虑非对称性，从而违反了马克思主义的对立统一规律，由此导致爱因斯坦狭义相对论在力学上是一个不完整的理论，其中缺少相对论的引力理论，这是爱因斯坦的第一个失误。

(2) 在狭义相对论中，爱因斯坦只考虑了运动的相对性，而忽略了运动的绝对性和客观性，由此导致狭义相对论中没有一个确定的、客观的坐标系，这又进一步导致在狭义相对论中运动和静止两种状态无法区分以及悖论的产生，这是爱因斯坦的第二个失误。

(3) 爱因斯坦对真理问题的认识与马克思主义的真理观和认识论有矛盾，由此导致在爱因斯坦相对论中存在一些与牛顿绝对时空观有关的错误，例如，运动物体长度缩短就属于这类错误，这是爱因斯坦的第三个失误。

22.3　爱因斯坦的历史地位决定了爱因斯坦相对论中存在失误

爱因斯坦理论中存在错误，从马克思主义哲学的角度看，对于这个问题是不难理解的。如果我们把爱因斯坦理论放到历史的长河中进行考察，用辩证唯物主义和历史唯物主义的观点，分析宇宙科学发展的历史，我们便不难得出爱因斯坦相对论是一个不完善的理论这样的结论。在《两个宇宙体系的对比——宇宙科学的过去、现在和未来》一书中，作者回顾了宇宙科学的历史[4]。

从亚里士多德-托勒密地心说的提出，至今已经 2000 多年了，回顾人类探索宇宙所走过的历程，我们不难发现，可以把这段历史分成 4 个阶段：

(1) 从亚里士多德-托勒密理论的建立到 1543 年哥白尼《天体运行论》发表之前，这一时期长达 1400 多年，托勒密的地心说是这一时期的主导理论。

(2) 第一次科学革命时期，从 1543 年哥白尼革命开始，到 1687 年牛顿《自然哲学的数学原理》的发表，这一时期持续了 144 年，这期间托勒密的理论不断受到质疑，最终被牛顿理论所取代。

(3) 从 1687—1900 年前后，这一时期牛顿力学得到进一步的验证，牛顿理论不断取得辉煌的成就。

(4) 1900 年前后相对论和量子力学的建立，标志着第二次科学革命的开始，爱因斯坦相对论以及建立在相对论基础上的现代宇宙学，取代了牛顿力学和牛顿经典宇宙理论，成为今日宇宙科学的主导理论。

回顾宇宙科学发展的历史，我们可以清楚地看到在过去的 2000 年，历史上出现了两次科学革命，第一次科学革命经历了 144 年，第二次科学革命至今已经过去了 110 多年，因此，从时间上看，今天，我们正处在第二次科学革命的中后期。

如果我们对两次科学革命的对比，便不难发现。从历史的角度看，爱因斯坦的历史地位与哥白尼非常相似。哥白尼和爱因斯坦都处在一次科学革命的起点上，哥白尼的《天体运行论》开启了第一次科学革命，爱因斯坦相对论的建立，拉开了第二次科学革命的序幕。由此可见，哥白尼和爱因斯坦在历史中的地位与作用有许多相似之处：

首先,哥白尼和爱因斯坦都是旧理论的批判者,哥白尼批判了地心说,爱因斯坦批判了牛顿的绝对时空。

在哥白尼之前漫长的时间里,欧洲人都沉浸在托勒密的地心说的迷信当中,哥白尼在《天体运行论》中,敢于提出一个全新的观点来挑战成见,在当时真是勇气可嘉。而爱因斯坦的相对论则是建立在对牛顿绝对时间和绝对空间批判的基础上。因此,哥白尼和爱因斯坦他们首先都是一个批判者,他们的理论都建立在对旧理论批判的基础上。

其次,哥白尼和爱因斯坦都是新理论的提出者或奠基人,哥白尼提出了日心说,爱因斯坦建立了相对论。

哥白尼在否定地心说的同时,也提出了自己的学说,在《天体运行论》中他写道:“最终,我们把太阳置于宇宙的中心,所有这些都为天文事件的系统过程以及整个宇宙的和谐所揭示。只有我们面对这些事实,才能真正如他们所说‘睁开了我们的双眼’”。

爱因斯坦抛弃了牛顿的绝对时间和绝对空间的观点,建立了相对论的时空观,相对论改变了物理学的许多“常识”,爱因斯坦提出的时空统一的思想,也使他成为自牛顿以来最伟大的科学家。因此,哥白尼和爱因斯坦他们既是旧理论的批判者,同时也是新理论的奠基人。

第三,虽然,哥白尼和爱因斯坦是新理论的奠基人,但他们并不是新理论的最终完成者,这意味着他们的理论都不是完善的理论。

虽然哥白尼是新理论的奠基人,但他并不是新理论的最终完成者,第一次科学革命的终结者是牛顿。如果把哥白尼的学说与牛顿的理论作一对比,便不难发现,牛顿理论已经对哥白尼的学说作了许多修改:例如,在哥白尼的日心说中,太阳是宇宙的中心;但在牛顿理论中,太阳不是宇宙的中心,固定在绝对空间的绝对坐标系的中心才是宇宙的中心。又比如,在哥白尼的日心说中,行星是围绕太阳做圆周运动的,而在牛顿力学中,行星的轨道是一个椭圆。

由此可见,哥白尼的理论不是一个完善的理论。哥白尼的理论之所以不完善,这是由哥白尼的历史地位决定的,哥白尼处在第一次科学革命的初期,他的历史位置决定了他的历史作用主要是:批判旧理论,开创新理论。同样他的历史位置还决定了他不可能成为新理论的最终完成者。第一次科学革命的集大成者是牛顿，牛顿在哥白尼去世144年之后，才完成了他的工作。爱因斯坦与哥白尼处于相似的历史位置，哥白尼的理论不完善，不难联想到爱因斯坦的理论也存在问题。

总之，通过两次科学革命的对比，我们可以得出这样的结论，爱因斯坦的历史地位决定了爱因斯坦的理论不是一个完善的理论。相对论的出现是历史发展的必然结果，爱因斯坦理论中存在错误也是由历史原因造成的，任何个人都不能改变历史的进程，只有用历史唯物主义的观点看待爱因斯坦和他的理论，我们才能正确地理解和认识爱因斯坦的失误。

22.4 爱因斯坦的哲学思想既有与辩证唯物主义相一致的地方，也包含唯心主义的东西

从20世纪50～70年代，国内开展过对爱因斯坦相对论的批判，爱因斯坦被说成资产阶级的代表人物，相对论也被戴上“主观唯心主义”的帽子。到了文化大革命时期，这场批判最终演变成由一些对相对论一无所知的人上演的一出闹剧。随着文化大革命的结束，国内对爱因斯坦和相对论的态度发生了180°的大转变，爱因斯坦不再是资产阶级的代表人物，而是伟大的科学家；相对论也不再是主观唯心主义的理论，而被戴上了“辩证唯物主义”的光环。

那么，应该如何评价爱因斯坦的哲学思想呢？爱因斯坦的哲学思想究竟是主观唯心主义还是辩证唯物主义呢？

作者认为，给一个理论贴上唯物主义或者唯心主义的标签，这种做法并不科学，世界上没有百分之百的唯物主义或唯心主义，我们也没有必要给爱因斯坦相对论戴上一顶哲学的帽子。事实上在相对论中，我们既可以看到辩证唯物主义的思想，也可以找到带有主观唯心色彩的东西。

1）相对论的时空观中包含了辩证唯物主义的思想

17世纪，牛顿在前人工作的基础上，总结出机械运动的三个基本定律和万有引力定律，建立起经典力学的基本体系。

牛顿力学的时空观是绝对时空观，在《自然哲学的数学原理》中牛顿写道：“绝对的空间就其本性而言，是与外界任何事物无关而永远是相同的和不动

的。”“绝对的、真正的和数学的时间自身在流逝着，而且由于其本性而在均匀地、与任何其他外界事物无关地流逝着。”

牛顿所说的时间和空间的绝对性体现在以下几个方面：

(1) 时间和空间不依赖于任何物质实体，是可以脱离物质而存在的。形象地说，空间像一个三维的大容器，物质被放置在这个容器之中；而时间则是一维的，它单向均匀地流逝着。

(2) 空间和时间间隔的不变性是由其本性决定的，与其他的事物及其运动无关。

(3) 空间和时间两者之间是相互独立的，不存在任何关系。

由此可见，虽然牛顿承认时间和空间的客观性，但却把时间和空间看成是脱离物质运动而独立存在的。

在狭义相对论中，时间和空间存在着内在的不可分割的联系，在洛伦兹变换中，空间坐标和时间坐标是作为一个整体出现的，时间量度的变化必然导致空间量度的变化，反之亦然。狭义相对论还揭示了空间距离、时间间隔和同时性的相对性，指出它们的测量依赖于参考系的选择，在本质上是随着物质运动状态的改变而改变的，为物质运动所制约。这表明空间和时间与物质运动的密切联系。

所以，狭义相对论把经典物理学中不相关联的空间和时间联系称为一个统一的物质存在形式，这个观点符合辩证唯物主义关于空间和时间与物质运动不可分割的思想，以及关于空间和时间统一性的论述。

2) 爱因斯坦关于运动的论述带有一些主观的色彩

有些相对论的书中提出，爱因斯坦的相对论是对辩证唯物主义的丰富和发展，对此作者并不完全赞同。作者认为，围绕爱因斯坦相对论展开的争论，例如对孪生子问题的争论，实际上反映了两种运动观的分歧，爱因斯坦相对论的建立受到马赫思想的影响，不可否认马赫的一些观点确实带有主观唯心的色彩。

例如，马赫认为世界上真正的要素不是物而是感觉，他只承认由感觉而来的直接经验，而不承认直接经验以外客观存在的东西。对于马赫的这一观点，列宁在《唯物主义和经验批判主义》一书中给予了批判。由于马赫的上述观念，使他在对待自然科学的新成果方面，往往采取否定的态度，由于他只承认直接经验，所以他不承认由间接的实验所证实的原子的存在。

马赫对牛顿绝对时空观的批判，对青年时代的爱因斯坦产生过很大的影响，爱因斯坦曾经说过，相对论关于时间和空间的学说以及牛顿力学中某些被相对论修改了的概念，直接地或间接地从马赫那里受到很大的启发。

在狭义相对论中，爱因斯坦把马赫关于："一切运动都是相对运动"的观点加以推广，提出所有的运动都是相对的，所有的惯性参考系都是平权的。根据这一观点，在两个参考系 S 和 S' 中，每个参考系的观察者都有自己的时空坐标，都可以主观地认为自己处于静止状态，而另一个参考系在运动，于是，每个参考系的观察者都认为对方的钟变慢了，这样矛盾就产生了，孪生子悖论也就出现了。

狭义相对论之所以出现孪生子悖论，其根源是爱因斯坦把运动看成是一种"主观的、相对的"运动。爱因斯坦认为所有的参考系都是平权的，在狭义相对论中测量运动没有一个客观的参考系，运动和静止也无法区分，每一个参考系的观察者都以自己的主观意识判断对方处于运动状态，于是，物质运动失去了客观性。

根据马克思主义的观点，宇宙中的运动不是"主观的、相对的"运动，而是"客观的、物理的"运动，因此，描述运动的参考系应该用一个客观的物理规律来定义，借助引力规律我们给出了这个参考系，有了用引力规律定义的参考系，孪生子问题就得以解决了。

物理学的实验也表明爱因斯坦的观点是不对的。

1966年，在西欧核子研究中心(CERN)，物理学家用 μ 子衰变做过一次实验，他们让一部分 μ 子绕圆周轨道运动的速度达到 $v = 0.996\,c$。实验结果表明，运动的 μ 子比相对静止的 μ 子显得年轻一些，即运动的 μ 子衰变的时间延迟了一些。

1971年，两位物理学家海弗尔和基廷把4只铯原子钟放在高速飞机上，然后让飞机绕地球一周返回原地。把飞机上的铯原子钟的读数和放在地面上的铯原子钟的读数进行比较，其结果也证明了飞行的钟比地球上的慢。

上述实验恰好说明了所谓运动的相对性、坐标的等价性都是不对的。总之,如果认为运动是"主观的、相对的"运动,则必然出现孪生子悖论。只有坚持运动是"客观的、物理的"运动,孪生子悖论才可以解决。

换句话说,物体是静止还是运动,时钟走得快还是慢,都应该有一个客观标准,用一个客观的参考系进行测量,爱因斯坦用主观的相对性代替了客观的物理性,这就是狭义相对论在哲学观念上存在的一个问题。因此,作者认为,在爱因斯坦的运动观中存在着明显的主观色彩,把它说成是辩证唯物主义的观点是不妥当的。

总之,在爱因斯坦哲学思想中既有与马克思主义相一致的地方,也有与马克思主义相矛盾的地方。而爱因斯坦的失误和相对论中的错误,往往出现在与马克思主义相矛盾的地方,因此,认真地学习研究马克思主义哲学,对我们从事相对论研究,将有极大的帮助和重要的指引作用。

第23章 用辩证唯物主义的观点看待爱因斯坦狭义相对论的成功与失误

公理化方法是科学研究的一种重要方法，欧几里得几何学、牛顿力学和爱因斯坦相对论，都是用公理化的方法建立的理论，因此，从公理化的角度探讨爱因斯坦的科学思想，应该是相对论研究中的一个重要课题。

23.1 两种不同的科学方法

随着自然科学的建立与发展，科学的认识论和方法论不仅成为哲学研究的重点，也是自然科学家关注的问题。欧几里得几何学和牛顿力学在科学史上占据着重要的位置，在科学方法论方面，这两个理论对后人都产生了重要的影响。

虽然，欧几里得几何学和牛顿力学都是用公理化的方法建立的理论，但对公理的提出，两个理论采用的却是完全不同的方法。

在欧几里得几何学中公理是“不证自明”的，以欧几里得几何学的5个公理为例(这5个公理是：①等于同量的量相等；②等量加等量其和相等；③等量减等量其差相等；④可重合的图形全等；⑤整体大于部分)，欧几里得是依据他的洞察力，凭着直觉看出这些公理是真的。

欧几里得几何学中的这一思想，对法国科学家笛卡儿、德国哲学家斯宾诺莎(B. Spinnoza，1632—1677年)等人产生了重要的影响。他们认为，具有普遍必然性的可靠知识是从先天的无可否认的“自明之理”出发，经过严密的逻辑推理得到的。笛卡儿在1637年出版的《方法论》一书中，提出了他的数学演绎方法论。他认为，面对十分复杂的对象，经验固然重要，但未必可靠；而只要前提正确，演绎法却不会出错。

以笛卡儿、斯宾诺莎等人为代表的这一学派被称为“唯理论”学派，如果我们从公理化的角度分析他们的思想方法，他们的思想方法是凭着直觉洞察本质，提出公理，然后用演绎的方法建立理论。简而言之，他们的思想方法可以称之为“直觉(感觉)—演绎”法。

虽然牛顿的《自然哲学的数学原理》在写法上效仿了欧几里得的《几何原本》，但牛顿力学的公理，即牛顿运动三定律和万有引力定律，都不是“不证自明”的。牛顿力学的公理是牛顿在前人工作的基础上，经过归纳总结得出的。换句话说，由于有了哥白尼、伽利略、开普勒和笛卡儿等前人的工作，牛顿才得以建立他的理论：伽利略对惯性定律、落体运动的研究以及加速度概念的提出，为牛顿理论奠定了力学基础。第谷的精确观测和开普勒的行星运动规律，引导牛顿提出万有引力定律，为牛顿理论奠定了天文学的基础。笛卡儿和费马的解析几何以及巴罗的工作，为牛顿理论的建立做好了数学上的准备。牛顿的贡献在于：对哥白尼以来前人在数学、力学、物理学和天文学等领域的研究成果进行了一次伟大的综合，把天上的行星运动与地上的苹果下落统一起来，最终完成了牛顿力学理论。由于牛顿的工作是进行一次伟大的综合，因此，在牛顿的科学方法中归纳法就成为一种非常重要的方法，这也是牛顿特别推崇归纳法的原因。

总之，虽然牛顿理论也是一个公理化的理论，但牛顿的方法与欧几里得不同，牛顿是用归纳的方法提出公理，而后再用演绎的方法建立了牛顿力学，因此，牛顿的方法实际上是“归纳—演绎”法。

从这里不难看出，牛顿的思想方法与笛卡儿的“唯理论”是不同的，“唯理论”是以感觉(直觉)为基础，提出公理，而牛顿则强调归纳。

牛顿在《自然哲学的数学原理》一书中谈到，在实验哲学中，我们应该把从现象经归纳而推得出的命题视为精确真实或近似真实的，直至发现其他现象使之更为精确，或者容有例外之前，都应该这样看。牛顿还有一句名言："我不作假设"。在牛顿的科学方法中把归纳法放在一个很重要的位置上，由于这个原因，恩格斯曾经称牛顿为"归纳法的驴子"。

在哲学家当中，英国哲学家约翰·斯图亚特·穆勒(John Stuart Mill，1806—1873 年)也十分推崇归纳法，在 1843 年出版的《逻辑体系》一书中写道："有待研究的是我们相信公理的理由究竟是什么——它所依据的证据究竟是什么。我回答：它们都是实验真理，都是观察的概况。"[110]

23.2　爱因斯坦的方法受欧几里得几何学的影响很大，而与牛顿的方法不同

爱因斯坦的思想受欧几里得几何学的影响很大，爱因斯坦曾说过："我们推崇古代希腊是西方科学的摇篮。在那里，世界第一次目睹了一个逻辑体系的奇迹，这个逻辑体系如此精密地一步一步推进，以致它的每一个命题都是绝对不容置疑的——我这里说的是欧几里得几何。推理的这种可赞叹的胜利，使人类理智获得了为取得以后的成就所必需的信心。

1914 年，爱因斯坦接受了普鲁士科学院授予他的院士职位，在接受院士职位的演讲中，爱因斯坦说："理论家的方法，在于应用那些作为基础的普遍假设或者'原理'，从而导出结论。他们的工作可以分为两部分，他们必须首先发现原理，然后从这些原理推导出结论。"[111]

由此可见，爱因斯坦的科学方法是首先提出普遍假设(原理)，然后以此为基础，用演绎的方法推导出结论。爱因斯坦狭义相对论就是采用这种方法建立起来的。在狭义相对论中有两个原理：光速不变原理和狭义相对性原理，爱因斯坦以这两个原理为基础，建立了狭义相对论。因此，我们可以把爱因斯坦的方法称为"普遍假设(原理)—演绎"法。

总之，欧几里得是靠直觉和洞察力提出公理，牛顿通过归纳总结建立公理，而爱因斯坦则是以普遍假设作为公理。由此可见，爱因斯坦的方法与欧几

里得的方法相似，它们都可以划入“唯理论”的哲学范畴。因此，就方法论而言，爱因斯坦的方法与牛顿的方法是完全不同的。

1952年3月20日在给贝索的信中，爱因斯坦写道：“从经验材料到逻辑性演绎以之为基础的普遍原理，在这两者之间并没有一条逻辑的道路。”[112]

爱因斯坦认为，“我不相信，存在着通过归纳达到认识的穆勒道路，至少作为逻辑方法是不存在的。”“理论越向前发展，以下情况就越清楚，从经验事实中是不能归纳出基本规律来的。”[112]

按照爱因斯坦的看法，“没有一种归纳法能够导致物理学的基本概念。对于这个事实的不了解，铸成了19世纪多少研究者在哲学上的根本错误。”[113]

爱因斯坦的科学思想与牛顿的科学思想之所以存在如此大的差别，主要的原因是由于他们在科学史中的历史地位不同。

牛顿是第一次科学革命的最终完成者。牛顿的工作是进行一次伟大的综合，因此，在牛顿的科学方法中归纳法就成为一种非常重要的方法，这也是牛顿特别推崇归纳法的原因。爱因斯坦在科学史中的地位与牛顿不同，类似于哥白尼。爱因斯坦和哥白尼都处在一次科学革命的起点上，他们对科学的贡献不是完成一个理论，而是开辟一个新领域，创建一个新学说。

正是因为爱因斯坦的历史位置处在一次科学革命的起点上，而牛顿处在一次科学革命的终点上，因此，两个人在科学研究中所采用的方法就完全不同，牛顿不作假设，擅长使用归纳与综合。爱因斯坦则擅长大胆地提出假设，然后用演绎推理的方法创建新的理论。例如，狭义相对论的建立，爱因斯坦就仅仅根据几个实验，大胆地提出两个公设即狭义相对论的两个基本原理，然后在此基础上，通过数学演绎的方法，创立了狭义相对论。

23.3 用辩证唯物主义的观点看待爱因斯坦科学方法的成功与失误

恩格斯说过：“归纳和演绎，正如分析和综合一样，是必然相互联系着的。不应当牺牲一个而把另一个捧到天上去，应当把每一个都用到该用的地方，而要做到这一点，就只有注意它们的相互联系，它们的相互补充。”[114]

牛顿的工作是对第一次科学革命进行总结，他需要把方方面面的因素考虑进去，把哥白尼以来前人在数学、力学、物理学和天文学等领域取得的成果，进行一次伟大的综合，因此，牛顿需要归纳法，需要把归纳法用到该用的地方。爱因斯坦则不同，爱因斯坦的工作是建立一个新理论，在创建理论的初期，不可能把方方面面的因素都考虑进去，如果考虑的因素太多，问题考虑得太全面，反而不利于理论的建立。

以狭义相对论为例，在创建狭义相对论的时候，走到相对论大门前的不只爱因斯坦一个人，同时还有庞加莱和洛伦兹，而且庞加莱和洛伦兹当时已是著名的物理学家。

爱因斯坦则不同，他刚刚走出校门，在迈克尔孙-莫雷实验都不清楚的情况下，仅仅根据几个实验，抓住问题的一个关键点——对称性，便大胆地建立了狭义相对论。

爱因斯坦建立狭义相对论的工作与康德建立星云假说的工作有些相似之处，康德在《宇宙发展史概论》对他的工作是这样论述的："要在整个无穷无尽的范围内发现把宇宙各个巨大部分联系起来的系统性，要运用力学规律从大自然的原始状态中探索天体本身的形成及其运动的起源，这些想法似乎远远超出人类的理性能力……但我并不沮丧。我凭着小小的一点猜测，作了一次冒险的旅行，而且已经看到了新大陆的边缘。"[115]

换句话说，康德是凭着小小的一点猜测，作了一次冒险的旅行，提出了星云假说；爱因斯坦则以相对性原理作为一个假设（公设），进而建立了狭义相对论。

本书提出，爱因斯坦在狭义相对论中只考虑了对称性，而没有考虑到非对称性，这是爱因斯坦的一个失误。对于这个问题，我们需要用辩证唯物主义和历史唯物主义的观点进行分析，从历史的角度和辩证的角度看待这一问题：如果在创建狭义相对论的时候，爱因斯坦既考虑对称性，又考虑非对称性，那么，他就不可能提出狭义相对性原理，也就不可能建立狭义相对论。

狭义相对论涉及三个理论：牛顿第二定律、万有引力定律和麦克斯韦电磁理论。现在我们已经知道，对于这三个理论来说，我们找不到一个变换，让这三个理论都满足对称性的要求。对于伽利略变换来说，牛顿第二定律和万有引力定律在伽利略变换下保持不变，但麦克斯韦方程不满足对称性的要求；对于洛伦兹变换来说，牛顿第二定律和麦克斯韦方程满足对称性要求，但万有引力定律不具有这一性质。

如果当年爱因斯坦建立狭义相对论时，对这三个定律进行全面的考察，他就不可能提出狭义相对性原理。幸好爱因斯坦当时主要考虑了麦克斯韦理论和牛顿第二定律，而没有考虑万有引力定律，这才建立了狭义相对论。狭义相对论完成后，爱因斯坦才开始考虑引力问题。因此，从历史的角度看，在建立狭义相对论的过程中，爱因斯坦抓住了对称性这一矛盾的主要方面，而忽略了非对称性，这是狭义相对论得以建立的一个关键。

然而历史在不断地向前发展，今天的相对论已不是初创时期，而进入了成熟期，我们的主要任务已不是创建相对论，而是对相对论进行修改和完善，也就是说，我们今天所处的历史位置是第二次科学革命的中后期，与爱因斯坦时代是完全不同的。在爱因斯坦时代，对称性是物理学研究的一股潮流，而今天物理学的潮流已经发生了改变，从 1956 年杨振宁和李政道的工作开始，非对称性的重要性日益显现出来。

随着历史的发展和物理学研究重点的转移，相对论的研究方法也应相应地改变，我们不能继续沿用爱因斯坦的研究方法，只考虑问题的一个方面，而忽视了另一方面，只考虑对称性，而忽视了非对称性。我们应该让科学研究的方法，从爱因斯坦的方法逐渐转变到牛顿的方法，即全面地、系统地、综合地考虑问题，既注重演绎推理，也重视归纳综合；既关注对称性，同时也要考虑非对称性，只有这样，我们才能最终建立一个完善的相对论理论。

总之，中国有一句古话叫“成也萧何，败也萧何”，用这句话来形容爱因斯坦狭义相对论非常恰当。爱因斯坦创建相对论时，他紧紧抓住对称性这一思想，忽略了非对称性，使得狭义相对论得以建立，这也是爱因斯坦当年获得成功的一个关键。

然而，100 年后的今天我们却发现，爱因斯坦在狭义相对论中只考虑对称性，没有考虑非对称性已经成为他的一个失误，相对论中出现的许多问题，其根源都与这个失误有关。因此，只有用历史的、辩证的观点看待这一问题，我们才能正确地认识和理解爱因斯坦的相对论。

第 24 章 从方法论的角度看爱因斯坦的失误

24.1 由波普尔工作引发的思考

20 世纪自然科学的迅速发展，一些西方科学哲学家开始关注科学发现的逻辑，探讨科学进步与发展的模式，研究科学知识增长的方法论，其中波普尔的"证伪主义"很有代表性。

1985 年，纪树立先生主持编译了《科学知识进化论——波普尔科学哲学选集》一书，把波普尔的科学哲学著作介绍给中国读者，为此，纪树立邀请波普尔为该书作序。波普尔欣然同意，为该书写了一篇前言，向中国读者言简意赅地介绍了他的科学哲学思想，波普尔写道："我的著作是想强调科学的人性方面。科学是可以有错误的，因为我们是人，而人是会犯错误的。"[116]

波普尔认为，科学是属于人的，有了人才有对世界的科学认识，才有关于这种认识及其结果的科学知识。科学既然属于人的，就必然刻有人的印记，金无足赤，人无完人，世界上没有不犯错误的人，因此，人会犯错误这个特性必然反映在科学中，科学也会出错。

近年来人们用科学取代了神学，但也出现了把科学神话了的趋势，在世人心目中，科学家是不会出错也不应该出错的，波普尔认为这种观点是错误的，他提出"夸大科学的权威性是不对的，人们尽可以把科学的历史看作发现理论,摒弃错了的理论并以更好的理论取而代之的历史。”

然而非常不幸的是,从 1919 年开始,物理学界就出现了对爱因斯坦的崇拜。今天的人们犯了一个与中世纪的欧洲人相似的错误,中世纪的欧洲人盲目相信托勒密的学说,不允许怀疑批评这个学说。

在很长的一个历史时期,托勒密的宇宙学说在欧洲占据统治地位,任何与托勒密不同的理论都被视为异端。托勒密学说认为:宇宙由一系列有如水晶般的透明天球组成,地球位于球心,各个天球以不同的角速度绕着地球转动,行星与恒星就分别镶嵌在不同的天球上。在这种观点支配下,没有人留心天上的变化,在欧洲的历史文献中缺乏有关天象变化的记录,其原因就在于此。科学史专家 Sarton 曾说过,中世纪的欧洲人和阿拉伯人之所以没有认识到天体的变化,不是因为难以进行观测,而是他们盲目相信托勒密的学说,相信天体完美无缺的成见以及思想上的惰性造成的。

今天的物理学家几乎用同样的态度对待爱因斯坦的理论,人们太相信爱因斯坦的理论了,以致没有人怀疑爱因斯坦相对论,只要是爱因斯坦理论得出的结果人们都认为是正确的,正是在这样一种成见的支配下,任何批评爱因斯坦的文章都被认为是错误的,不许发表。

英国物理学家乔奥·马古悠在《比光速还快》一书中写道:在今天的物理学界,谁要是挑战爱因斯坦,这简直就是自断生路、砸了自己的饭碗。

波普尔的观点是,科学发现从问题开始,当科学中出现了现有理论不能说明问题时,科学家就会提出各种假说对问题进行尝试性说明,然后对假说进行检验,经过检验后的假说被认为新理论。随着科学的进一步发展,又会有新问题产生,于是,新一轮理论发展的循环又开始了。

总之,波普尔的一个基本观点是科学理论必须经过证伪才能保证其正确性。用波普尔的话说:“我要说的是,我们无法确定任何一个理论是不是真理,因而必须做好准备,有些最为我们喜爱的理论最后却证明并不是真的。既然我们需要真理,既然我们的目标是获得真实的理论,那么我们就必须想到这样的可能性,即我们的理论,不管目前多么成功,都并不完全真实,它只不过是真理的一种近似,而且,为了找到更好的近似,我们除了对理论进行理性批判之外,别无他途。”

虽然波普尔提出了科学理论必须经过证伪，但是，他并没有给出证伪的方法。那么，如何对一个理论进行证伪呢？或者说，对于一个公理化的理论，我们怎样才能发现它所存在的问题，然后对它进行修改和完善呢？

在回答这一问题之前，先让我们考察两个公理化理论，看一看这两个理论是如何发展的，从中可以获得一些启发。

24.2　对两个公理化理论的考察

从哥白尼科学革命开始，物理学摆脱了神学的束缚，成为一门独立的科学，至今已经形成一个庞大的理论体系，其中的理论基本上是以欧几里得几何为样本，用公理化的方法建立起来的，爱因斯坦相对论就属于公理化的理论。因此，考察公理化理论的发展变化，对我们研究相对论会很有启发，下面我们首先对几何学进行考察。

1）从欧几里得几何学到非欧几何学

简单地说，几何学的历史就是从欧几里得几何学向非欧几何学发展的历史。

在欧几里得几何学中，公理是“不证自明”的，欧几里得依据他的洞察力，凭着直觉提出了这些公理和公设。然后，按照演绎推理规则，推演出其他定理，建立了欧几里得几何学的理论体系。

欧几里得几何建立后，从公元前3世纪起，直到19世纪初，在长达两千多年的时间里，有一个问题一直困扰着人们，这就是平行公理问题。用今天的观点看，平行公理就是欧几里得几何学中的一个悖论，即一个在欧几里得几何学的范围内既不能证明、又不能否定的命题。

根据哥德尔定理，当一个公理化的理论中出现这种既不能证明、又不能否定的命题时，说明这个理论是不完备的。因此，平行公理的出现实际上揭示了欧几里得几何学的公理系统有问题，需要进行修改和完善。非欧几何学就是基于这样一种思想建立起来的。当然，人们真正认识到欧几里得几何学所存在的问题，经历了一个漫长的过程，直到1860年代，罗巴切夫斯基的工作才得到公认。

2）从康托朴素集合论到公理集合论

1870年代，康托创立了一个新的理论——集合论。集合论也是用公理化的方法创立的一个理论。在康托的集合论中，集合是一个最基本的概念，康托称集合为一些确定的、不同东西的总体，这些东西人们能够意识到，并且能够判断一个给定的东西是否属于这个总体。

康托的集合论的公理就是建立在这样一个描述性的基础上，因此，人们把康托的集合论称为朴素集合论。

在这个朴素的集合论的公理基础上，康托又定义了集合之间的各种运算，研究了集合的各种性质。为了比较集合的大小，康托引入了集合的势和基数的概念，两个集合中的元素如果存在一一对应关系，这两个集合就是等势的，或者说它们基数相等。按照势的定义，康托规定所有与自然数等势的集合叫作可数集合。

康托得出可数集合是最小的无穷集合，同时他证明了有理数集和代数数集都是可数集合，但实数集不是可数集合，与实数集等势的集合又叫作连续统。发现了两个不同的无穷集合，可数集和连续统之后，康托沿着两个途径构造出更大的无穷集合，一个途径是从序数集出发形成更大的无穷集合；另一途径是用一个集合的幂集来形成比原集合更大的无穷集合。

就在康托的集合论不断发展、被越来越多的人所接受的时候。罗素悖论出现了，罗素悖论的出现，说明康托的集合论是不完善的。今天，我们已经弄清楚了罗素悖论产生的原因是康托建立的集合论在其他方面都很严谨，唯独没有严格地定义集合。康托把集合论建立在一个描述性的基础上，什么是集合？康托的定义是，集合就是把一些具有某种性质的对象聚集起来的总体。具体地说：把凡是满足某种性质$p(x)$的对象x聚集起来就构成一个集合，记作$\{x:p(x)\}$，这就是康托集合论的概括原则。换句话说，在康托的集合论中可以用一句话就定义一个集合。罗素抓住了康托集合论的这一弱点，用“所有不属于自身的集合”这句话去定义集合，于是引出了罗素悖论。

为了消除罗素悖论，数学家开始对集合的概念加以限制，由于当时希尔伯特刚为欧氏几何成功地建立了公理系统，因此人们认为采用公理化的方法对集合作一些必要的规定是合适的，于是一些集合论的公理系统应运而生。其中最有代表性的是策梅罗和弗兰克尔建立的 ZFC 公理系统。公理集合论的建立使罗素悖论得以消除。

24.3　公理化的理论不可能一次性地完成，需要经过否定之否定的过程

上面两个例子说明，一个公理化的理论不可能一次就建立起来，需要经过：建立—检验（或证伪）—修改后再重新建立这样的过程。

具体地说，一个理论的建立需要经过以下几个步骤：

首先，凭借直觉、洞察力提出公理或假设，然后在公理的基础上，用演绎推理的方法建立理论。

其次，科学理论必须经过证伪，证伪的方法就是发现悖论并研究悖论，悖论的出现说明原有的公理系统不完备，其中缺少某些重要的东西，通过研究悖论，可以知道公理系统中究竟缺少了什么。

第三，知道了公理系统所存在的问题，就可以对公理系统进行修改，建立一个新的公理体系，进而再用演绎推理的方法，建立一个新的理论。

以上论述完全符合马克思主义的否定之否定规律，否定之否定规律是唯物辩证法的一个基本规律。

“否定之否定”的概念是黑格尔在总结欧洲哲学史上有关思想时，第一次提出来的，他用“否定之否定”来描述“绝对精神”的自我运动，黑格尔的否定之否定的理论是建立在唯心主义的基础上，但在黑格尔抽象的、思辨的表述中，包含许多合理的因素，反映了客观事物的运动和联系，后来成为了马克思主义哲学的否定之否定规律的直接思想来源。

马克思主义哲学认为，每个事物都包含着肯定和否定两方面的矛盾，所以事物的自身发展都要经过：肯定—否定—否定之否定，这样三个阶段，或者说三个环节两个否定。否定之否定规律表明，事物发展的总的趋势和基本方向是前进的、上升的，而发展的道路是螺旋式的或波浪起伏的。

如果我们用否定之否定规律研究科学理论的发展，我们不难发现，公理化理论的发展过程完全符合否定之否定规律，以几何理论为例：

欧几里得提出了几何公理，然后，在几何公理的基础上，用演绎推理的方法建立了欧几里得几何学，这一过程就是对几何公理的肯定过程；然而悖论的出现，说明原有的几何公理有问题，因此，悖论的发现和研究是对欧几里得几何公理的否定过程；通过对悖论（即平行公理）的研究，罗巴切夫斯基等人知道了欧几里得几何学存在的问题，他们对几何公理进行了修改，然后在新的几何公理基础上，建立了非欧几何学，这一过程就是否定之否定的过程。

总之，公理化的理论建立不可能一次性地完成，都需要经过否定之否定的过程，无论是几何学还是集合论都经历了这样的过程。相对论也是一个公理化的理论，由此我们不难想到，相对论的发展也需要经历否定之否定的过程。

24.4 相对性原理是爱因斯坦强加在物理学理论和定律之上的一个约定

爱因斯坦狭义相对论建立在两个基本原理之上，从公理化的角度看，这两个基本原理就是狭义相对论的两个公理。其中的一个公理是狭义相对性原理，它要求物理规律在洛伦兹变换下保持不变，即一个物理规律从一个惯性坐标系变换到另一个惯性坐标系时，其数学方程在洛伦兹变换下具有不变性。

显然，狭义相对性原理本身并不是物理学理论中的一个物理规律，爱因斯坦把它作为一个限制性条件（或原理），强加到物理规律之上，要求所有的物理规律都要满足这一条件。爱因斯坦的这一做法在科学哲学中被称为经验约定论。

约定论是庞加莱首先提出来的一种科学哲学思想。庞加莱通过对数学基础的研究和物理学基础的考察之后，把康德的“先验论”的一些观点改变成“约定论”的观点，并把它们放到“经验论”的基础上，从而明确地提出了（经验）约定论。

在1902年3月至1904年11月，爱因斯坦、索洛文和哈比希特一起组建了“奥林比亚科学院”。在此期间，他们一起研读过庞加莱的《科学与假设》一书。在这本书中，庞加莱对数学和物理学基础的分析，尤其是对约定论的阐述，给爱因斯坦很大的启发。[117]

庞加莱认为：在数学及其相关学科中，可以看出自由约定的特征，“约定是我们的精神的自由活动的产品”，“我们在所有可能的约定中进行选择时，要受实验事实的引导；但它仍是自由的，只是为了避免一切矛盾起见，才有所限制。”

对于物理学的理论，庞加莱在考察了物理学的理论后认为：物理学中有两种基础，即对公理的陈述——原理和定律：定律是对实验的概况，它们可以近似地被证实；原理则是约定的公设，它是十分普遍的、严格真实的、超越了实验的范围。

庞加莱的《科学与假设》对爱因斯坦影响很大，1921年，爱因斯坦在题为“几何学和经验”的演讲中称赞庞加莱为“敏锐的深刻的思想家”，同时他还赞同庞加莱的约定论的观点，认为“公理是人思想的自由创造”，“从永恒的观点来看庞加莱是正确的。”

从爱因斯坦的《论动体的电动力学》一文中，我们不难看出，庞加莱的经验约定论的观点对爱因斯坦创立狭义相对论的影响很大，狭义相对论的两个基本原理，特别是狭义相对性原理，就是基于经验约定论的观点提出的。

诺贝尔奖获得者、美国物理学家赛格雷在《从X射线到夸克》一书中，在讨论宇称守恒原理时写道：“一旦某一规则在许多情况下都成立时，人们就喜欢把它扩大到一些未经证明的情况中去。甚至把它当作一项‘原理’。如果可能的话，人们往往还要使它蒙上一层哲学色彩……对于宇称守恒原理也出现过这种情况，一旦用实验证明它不成立时，像泡利这样的物理学家也会大为震惊。”

用今天的眼光看，爱因斯坦的狭义相对性原理和宇称守恒原理一样，都没有充分的实验依据，只是凭着几个有限的结果，就把它作为普遍的原理提出来。

1905年，爱因斯坦建立狭义相对论时，当时人们只知道牛顿力学规律满足对称性，即牛顿第二定律和万有引力定律从一个惯性坐标系变换到另一惯性坐标系时，在伽利略变换下数学方程的形式保持不变。换句话说，爱因斯坦仅仅根据力学的相对性，就认为所有的物理规律都应当满足相对性原理，由此提出了狭义相对论的两个基本原理，然后在此基础上，用演绎推理的方法建立了狭义相对论。

24.5 从公理化的角度看爱因斯坦的失误

按照波普尔的观点，任何一个理论都需要经过证伪，前面我们提到，对于公理化理论来说，证伪的过程也就是发现悖论和研究悖论的过程。

狭义相对论刚一建立，人们便发现了狭义相对论中存在悖论(例如孪生子悖论)。从今天的角度看，按照哥德尔定理，狭义相对论中出现悖论，说明狭义相对论的公理有问题。然而，爱因斯坦和一些相对论物理学家在处理狭义相对论悖论时，犯了一个数理逻辑上的常识性错误，他们把狭义相对论的悖论，放到狭义相对论以外，即放到广义相对论中去讨论，这种讨论不仅使问题复杂化了，而且，对解决狭义相对论的内在矛盾没有任何意义。

正是这个数理逻辑上的一个错误，给相对论的发展带来了严重的后果，它导致了狭义相对论 100 年停滞不前，今天我们看到的狭义相对论与 100 年前的狭义相对论几乎没有区别。因此，把狭义相对论的悖论放到广义相对论中去讨论，这就是爱因斯坦失误产生的科学方法论方面的原因。

第 25 章 结束语:一个爱因斯坦批评者的辩白

从 1984 年作者开始怀疑爱因斯坦相对论以来,30 年的相对论研究,作者仿佛经历了一场战争。在过去的 30 年里,作者一次又一次地把研究论文投给科学刊物,随后一次又一次地被退回,这些年来,作者已经记不清经历了多少次投稿、退稿,这样周而复始的轮回,在不知不觉中,被退回的文章已经积累了厚厚的一打,收到的退稿信也有 100 多封。作者对这些稿件进行了整理,发现退稿可分为三种情况:

(1) 如果作者的文章是对广义相对论、黑洞和大爆炸宇宙学提出质疑,这类文章一般能够通过物理刊物的初审,文章被送给某位相对论物理学家,由他写出一份否定的评审意见,然后退稿。评审意见五花八门,这里不作点评。

(2) 如果作者对狭义相对论进行批评,文章通常在初审时就被淘汰。因为相对论物理学家认为,狭义相对论是一个被充分证明的理论,批评狭义相对论的文章不值得一看。因此,他们给出的退稿理由是:文章学术水平不够,不适合本刊发表。

(3) 如果作者从马克思主义哲学出发,批评爱因斯坦相对论,这类文章一般在初审时就被退回,但退稿时都不写退稿理由。

作者在过去的十几年里,差不多平均每个月都要经历一次投稿、退稿。面对着眼前这 100 多封退稿信,作者终于按捺不住,决定对相对论物理学家们的观点进行反驳，本书就是在这一背景下完成的。

作者写作这本书的目的是想弄清一个问题，为什么过去的30年里，在中国物理学界，一些人以相对论为依据批评马克思主义的文章可以发表，而以马克思主义为依据批评相对论的文章却不能发表？

同时，作者还想通过这本书把自己的主要观点说出来，作者不敢说自己的观点一定正确，但有发表这些观点的权力。作者写作这本书就是要捍卫自己自由发表学术意见的权力。

现在，作者把这些屡遭退稿、无处发表的文章整理出来写成了本书，在结束本书之前，对作者与相对论物理学家的主要分歧再作一些补充说明，同时，把作者的主要观点作一总结。

25.1 国内相对论研究的现状：围绕相对论问题，学术界出现了两个学派——“维相派”和“反相派”

近年来随着批评相对论的人越来越多，媒体中也出现了“维相派”和“反相派”的说法。所谓“维相派”是维护爱因斯坦相对论一派的简称，其成员大多是相对论天体物理学家，在相对论研究中，这一学派属于主流学派；所谓“反相派”是反对爱因斯坦相对论一派的简称，作者并不喜欢这一叫法，因为作者并不反对相对论，只是认为爱因斯坦理论有问题，需要对它进行修改和完善，因此，作者更愿意把自己称为爱因斯坦的批评者。

虽然，在20世纪五六十年代，国内也有人批评相对论，但那时的批评，许多都不是批评者自愿的，有些批评文章只是在重复苏联学者的观点。改革开放之后，随着政治气候的改变，一些学者在出版自己的文集时，把当年批评相对论的文字都给删除了。从这点可以看出，在20世纪五六十年代，国内并没有真正的“反相派”，因此，考察这两个学派的形成，须从1970年代开始。

国内关于相对论天体物理学和宇宙学的研究，在1970年代才刚刚起步。1972年，《物理》杂志上刊登了一篇论文，题目是“关于标量-张量理论中含物质及黑体辐射的宇宙解”，这是国内第一篇大爆炸宇宙学方面的学术论文。1974年，《科学通报》上又刊登了《关于黑洞的一些物理问题》一文，这篇文章也是国内最早关于黑洞方面的研究论文。

1979年中国物理学会设立了一个新的分会，这个分会的全名叫“中国物理学会引力与相对论天体物理分会”，简称“相对论物理分会”。“相对论物理分会”的历届会长几乎都是由黑洞物理学家来担任。从这一角度看，所谓的“维相派”也可以称之为“黑洞物理学派”。

从1949年到1979年，在国内的学术刊物上，还允许批评爱因斯坦相对论的文章发表，特别是从马克思主义哲学的角度批评相对论，没有人敢封杀这类文章。但1979年之后，也就是“相对论物理分会”成立以来，国内学术刊物上再没有发表过批评爱因斯坦相对论的文章，即使是从马克思主义的角度批评相对论的文章也被禁止了。

由于上述原因，对“反相派”进行研究和考证就比较困难，因为，他们的文章大都不能发表。因此，这里我们只能大概地说，这个学派也是在1970年代开始形成的。1974年，柳树滋在《物理》杂志上发表了《学习“唯物主义和经验批判主义”》一文，在这篇文章中柳树滋从马克思主义哲学出发，批判了大爆炸宇宙学和方励之的文章。1975年，秦元勋在《物理》杂志上发表了《等速条件下的空时对称理论》，这篇文章提出了一个与爱因斯坦不同的时空理论。今天，不管人们如何评价当年那场批判相对论的运动，也不管人们是否赞同柳树滋和秦元勋文章中的观点，但是，他们毕竟是国内最先在《物理》杂志上发表文章，批评爱因斯坦相对论的人，因此，他们二人都可以说是“反相派”的早期代表。

在1980年代，由于国内不能发表批评相对论的文章，于是有些人把文章拿到国外去发表。例如，秦元勋等人就曾在国外的刊物上发表过批评相对论的文章。不过这些刊物都不是主流学术刊物，因此，他们的文章在学术界反响不大。

从1990年代开始，国内出版界的学术环境开始宽松，一些批评相对论的书籍可以出版了。到目前为止，作者见到的批评相对论的书籍有20～30种，其中有的书写得很有水平，看得出一些学者对相对论做过深入的研究。

总之，目前国内相对论的研究现状是:围绕相对论问题，学术界出现了两个学派:“维相派”和“反相派”。

两派的力量对比相差悬殊，“维相派”力量强大，垄断了相对论这一领域的全部资源，他们的研究工作可以得到国家科学基金的支持，他们的研究结果可以在主流科学刊物上发表，甚至任何一个人若想发表一篇相对论方面的学术论文，文章必须经过某位“相对论物理学会”的专家的评审同意才能发表。

相比之下“反相派”的力量显得十分单薄，他们的研究得不到任何资助，研究结果也不能在学术刊物上发表。可以说，他们是一群由“科研个体户”自愿组成的队伍，靠着其科学信念，支撑着他们艰难地前行。

25.2 爱因斯坦失误产生的原因

爱因斯坦的失误并非偶然，而是有着深刻的原因，本书从哲学、科学方法论和历史等方面进行了研究，得出的结论是：

(1) 爱因斯坦失误的哲学原因是：爱因斯坦理论违背了马克思主义的一个基本原理——对立统一规律。

(2) 从科学方法论的角度看，爱因斯坦在处理悖论问题时，违反了数理逻辑的一个基本原则。

(3) 爱因斯坦失误有历史的原因。爱因斯坦狭义相对论诞生于 1905 年，而相对论的时空观直到 1908 年才由闵可夫斯基提出来，哥德尔定理是 1931 年得出的，数理逻辑是在 1930 年代才逐渐完善，因此，爱因斯坦在处理狭义相对论悖论时，所采用的方法不符合数理逻辑原则，这个错误也不能完全归于爱因斯坦，其中也有历史的原因。

25.3 对相对论未来发展趋势的看法

在第 24 章，我们用否定之否定规律考察了公理化理论的发展趋势。我们看到，公理化的理论都需要经过肯定—否定—否定之否定的发展过程。几何学的理论经过肯定—否定—否定之否定之后，从欧几里得几何学发展成为了非欧几何学；集合论经过肯定—否定—否定之否定之后，从康托的朴素集合论发展到公理集合论。由此我们不难预测，相对论的未来发展趋势是：在经历了肯定—否定—否定之否定这一过程之后,相对论一定会从爱因斯坦相对论发展到一个新的阶段——非爱因斯坦相对论的阶段,这就是作者对相对论未来发展趋势的判断。

身处在矛盾的物理世界,中国物理学家现在正面临着两种选择:

第一种选择:继续相信爱因斯坦,相信相对论是正确的,沿着对称性的思路,把黑洞、白洞、虫洞、时空隧道和时间机器这些稀奇古怪的东西研究下去。

第二种选择:顺应历史潮流,根据非对称性的思想,找出爱因斯坦的失误,指出相对论的错误,在此基础上对爱因斯坦理论进行修改,进而建立一个新的相对论物理理论和新的宇宙理论。

这就是今天摆在我们面前的两条路。

1860 年前后,几何学的研究出现了一个历史的转折点,正如希尔伯特所说:在 1860 年代之前,几何学研究的重点是欧几里得几何学,而 1860 年之后,非欧几何学成为了几何学研究的主流。

作者认为,21 世纪的物理学也存在一个类似的转折点,在此之前,以对称性为主要特征的爱因斯坦理论仍然是物理学的主流,但在这个转折点之后,以对称性破缺为特征的新的相对论将取代爱因斯坦理论,成为未来物理学的主流。而且作者相信,我们已经越来越接近这个历史的转折点了。

本书我们用否定之否定规律,对公理化理论的发展过程进行考察,所得结论与《两个宇宙体系的对比》一书的结论完全吻合,相对论未来发展的趋势就是非爱因斯坦相对论将取代爱因斯坦相对论,成为相对论研究的主流。

在结束本书之前,作者想说几句话:

诺贝尔奖年年有人获得,指出爱因斯坦的失误,找出相对论的错误,进而对爱因斯坦理论进行修改和完善,100 年只有一次机会。作者写作这本书的目的是,希望中国物理学家千万不要错失了这个百年一遇的历史机会,抓住这一机会,21 世纪的中国物理学就一定会有大作为。

参考文献 REFERENCES

[1] 蔡立. 黑洞探疑[M]. 上海：上海交通大学出版社，2012.

[2] 蔡立. 相对论探疑[M]. 上海：上海交通大学出版社，2013.

[3] 蔡立. 非爱因斯坦相对论研究[M]. 上海：上海交通大学出版社，2013.

[4] 蔡立. 两个宇宙体系的对比[M]. 上海：上海交通大学出版社，2014.

[5] 列宁. 唯物主义和经验批判主义[M]. 北京：人民出版社，1970.

[6] 爱因斯坦. 论动体的电动力学//狭义与广义相对论浅说[M]. 杨润殷，译. 北京：北京大学出版社，2006.

[7] Clark，Ronald. Einstein：Life and times [M]. New York：Humanity Books，1971.

[8] 爱因斯坦. 自述//狭义与广义相对论浅说[M]. 杨润殷，译. 北京：北京大学出版社，2006.

[9] 爱因斯坦. 1953 年 4 月 3 日给哈比希特和索洛文的回信//爱因斯坦文集(第一卷)[C]. 许良英，范岱年，编译. 北京：商务印书馆，1977：508.

[10] John T. Blackmor，Ernst Mach [M]. California：University of California Press，1972.

[11] 爱因斯坦. 爱因斯坦全集(第二卷)[C]. 范岱年，主译. 长沙：湖南科学技术出版社，2009. 221.

[12] H・闵可夫斯基. 空间和时间//相对论原理(狭义相对论和广义相对论经典论文集)[C]. 北京：科学出版社，1980.

[13] Dingle H. Relativity and space travel [J]. Nature，1956，177：782.

[14] Dingle H. Relativity and space travel [J]. Nature，1956，178：680.

[15] McCrea W H. A problem in relativity theory：Reply to H Dingle [C]. Proc. Phys. Soc. A，1956，69：935.

[16] 刘佑昌. 狭义相对论及其佯谬[M]. 北京：清华大学出版社，2011.

[17] 赵凯华，罗蔚茵. 新概念力学十讲[M]. 成都：四川教育出版社，2002.
[18] 孟广达. 孪生子佯谬与广义相对论[M]. 郑州：河南人民出版社，1994.
[19] 爱因斯坦. 关于理论物理学的方法//爱因斯坦文集（第一卷）[C]. 许良英，等译. 北京：商务印书馆，2012.
[20] 胡大年. 爱因斯坦在中国[M]. 上海：上海世纪出版集团，2006.
[21] 卡尔波夫. 论爱因斯坦的哲学观点[J]. 科学通报，1951(12).
[22] 周培源. 阿·爱因斯坦在物理上的伟大成就[J]. 物理学报，1955(3)：191－197.
[23] 张宗燧. 电动力学和狭义相对论[M]. 北京：科学出版社，1957.
[24] 屈儆诚，许良英. 关于我国"文化大革命"时期批判爱因斯坦和相对论运动的初步考查：爱因斯坦研究[M]. 北京：科学出版社，1989.
[25] 李柯. 评爱因斯坦的时空观[J]. 复旦学报（自然科学版），1973(3)：1－14.
[26] 李柯. 评爱因斯坦的运动观[J]. 复旦学报（自然科学版），1974(1)：1－20.
[27] 李柯. 评爱因斯坦的物质观[J]. 复旦学报（自然科学版），1974(2)：1－15.
[28] 李柯. 评爱因斯坦的世界观[J]. 自然辩证法杂志，1974(3)：55－74.
[29] 方励之. 关于标量-张量理论中含物质及黑体辐射的宇宙解[J]. 物理，1972，1(3).
[30] 柳树滋. 学习"唯物主义和经验批判主义"[J]. 物理，1974，3(1).
[31] 秦元勋. 空间和时间[M]. 北京：科学出版社，1973.
[32] 秦元勋. 等速条件下的空时对称理论[J]. 物理，1975，4(1).
[33] 谢继深. 相对论要不要动？怎么动？[J]. 物理，1975，4(1).
[34] 喀兴林，杨展如. 不能离开物质去讨论时空性质[J]. 物理，1975，4(1).
[35] 朱重远. 这样的"体系"好吗？——与秦元勋同志商榷[J]. 物理，1975，4(1).
[36] 方励之. 哲学是物理学的工具[M]. 长沙：湖南科学技术出版社，1988.
[37] 钱学森. 科学的艺术与艺术的科学[M]. 北京：人民文学出版社，1994：286.
[38] 钱学森. 社会主义现代化建设的科学和系统工程[M]. 北京：中共中央党校出版社，1987：74.
[39] 董光璧. 马赫思想研究[M]. 成都：四川教育出版社，1994.
[40] 方励之，李淑娴. 宇宙的创生[M]. 北京：科学出版社，1987：188－189.
[41] B·施切而恩. 关于相对论底哲学方面的问题[J]. 科学通报，1953，3.
[42] 切而列茨基. 近代关于空间和时间的物理理论[J]. 科学通报，1953，3.
[43] 中国人民大学辩证唯物论与历史唯物论教研室. 辩证唯物论与自然科学（二）[M]. 北京：中国人民大学出版社，1954.
[44] Born，Max. Die theorie des starren elektrons in der kinematik des relativitatsprinzips [J].

Annalen der Physik 1909(30):1－56.

[45] P. Ehrenfest. Gleichformige rotation starren korper und relativitatstheorie [J]. Physikalische Zeitschrift 1909,10:918.

[46] John Stachel. 相对论中的长度收缩//爱因斯坦全集(第三卷)[C]. 戈革,主译,长沙:湖南科学技术出版社,2009(379).

[47] Whittaker E T. A history of the theories of aether and electricity (II) [M]. London: Thomas Nelson, 1953.

[48] 爱因斯坦. 关于相对性原理和由此得出的结论//爱因斯坦全集(第二卷)[C]. 范岱年,主译. 长沙:湖南科学技术出版社,2009:371.

[49] R. S. Shankland. Conversations with Albert Einstein [J]. Am. J. Phys., 1963(31):47－57.

[50] G·霍尔顿. 狭义相对论的起源//纪念爱因斯坦译文集[C]. 赵中立、许良英,编译. 上海:上海科学技术出版社,1979:317.

[51] 韩雪涛. 数学悖论与三次数学危机[M]. 长沙:湖南科学技术出版社,2007.

[52] 欧几里得. 几何原本[M]. 燕晓东,译. 南京:江苏人民出版社,2011.

[53] M·克莱因. 古今数学思想(第1册)[M]. 张理京,张锦炎,译. 上海:科学技术出版社,1979.

[54] M·克莱因. 古今数学思想(第2～4册)[M]. 北京大学数学系数学史翻译组,译. 上海:科学技术出版社,1979.

[55] M·克莱因. 西方文化中的数学[M]. 张祖贵,译. 上海:复旦大学出版社,2005.

[56] E·T·贝尔. 数学大师——从芝诺到庞加莱[M]. 徐源,译. 上海:上海科技教育出版社,2004.

[57] 谢恩泽,徐本顺. 世界数学家思想方法[M]. 济南:山东教育出版社,1993.

[58] 周·道本. 康托尔的无穷的数学和哲学[M]. 郑毓信,刘晓力,编译. 南京:江苏教育出版社,1988.

[59] 张锦文,闫金童. 集合论发展史[M]. 北京:煤炭工业出版社,1989.

[60] 胡作玄. 第三次数学危机[M]. 成都:四川人民出版社,1985.

[61] 希尔伯特,论无限//数学哲学[M]. 保罗·贝纳塞拉夫,希拉里·普特南,编,朱水林,等译. 北京:商务印书馆,2003.

[62] 夏基松,等. 西方数学哲学[M]. 北京:人民出版社,1986.

[63] 克莱因. 数学:确定性的丧失[M]. 李宏魁,译. 长沙:湖南科学技术出版社,1997.

[64] [美]王浩. 哥德尔[M]. 康宏魁,译. 上海:上海译文出版社,1997.

[65] 牛顿. 自然哲学的数学原理[M]. 赵振江，译. 北京：商务印书馆，2007.

[66] 牛顿. 光学[M]. 周岳明，等译. 北京：北京大学出版社，2007.

[67] 爱因斯坦. 关于理论物理学的方法//爱因斯坦文集(第一卷)[M]. 许良英，等编译. 北京：商务印书馆，2012.

[68] 笛卡儿. 笛卡儿几何[M]. 袁向东，译. 北京：北京大学出版社，2008.

[69] 北京大学哲学系. 16～18 世纪西欧各国哲学[M]. 北京：商务印书馆，1975.

[70] 科恩. 牛顿革命[M]. 颜锋，等译. 南昌：江西教育出版社，1999.

[71] 龚升，林立军. 简明微积分发展史[M]. 长沙：湖南教育出版社，2005.

[72] 李醒民. 伟大心智的漫游——哲人科学家马赫[M]. 福州：福建教育出版社，1995.

[73] G·霍尔顿. 恩斯坦·马赫和实证论的命运//科学与反科学，范岱年，陈养惠，译. 南昌：江西教育出版社，1999：2.

[74] E. Mach. The science of mechanics: a critical and historical account of its development [M]. Illinois: The Open Court Publishing Company, 1974.

[75] A. Einstein, L. Infeld. The evolution of physics [M]. Cambridge University Press. 1938.

[76] E. Mach. The Principles of Physical Optics [M]. New York, E. P. Dutton and Company Publishing, 1926.

[77] 恩格斯. 反杜林论[M]. 北京：人民出版社，1973：57.

[78] Lee T D, Yang C N. Question of parity conservation in weak interaction [J]. Phys. Rev., 1956(104)：254.

[79] 李政道. 对称与不对称性[M]. 北京：清华大学出版社，2000.

[80] 杨振宁. 对称与近代物理/杨振宁文集(上)[M]. 上海：华东师范大学出版社，1998.

[81] 江才健. 吴健雄——物理科学的第一夫人[M]. 上海：复旦大学出版社，1997.

[82] 塞格雷. 从 X 射线到夸克——近代物理学家和他们的发现[M]. 夏孝勇，等译. 上海：上海科学文献出版社，1984.

[83] 希尔伯特. 数学问题//数学史译文集[C]. 上海：上海科学技术出版社，1981.

[84] Penzias A A, Wilson R W. A measurement of excess antenna temperature at 4080 Mc/s, ApJ, 1965(142)：419.

[85] 何香涛. 观测宇宙学[M]. 北京：科学出版社，2002.

[86] Lubkin P M, Epstein G L, Smooth G I. Phys. Rev. Lett. 1983(50)：616.

[87] Hafele J C, Keating R E. Around-the-world atomic clocks: Predicted relativistic time gains [J]. Science, 1972(177)：166 - 168.

[88] Hafele J C, Keating R E. Around-the-world atomic clocks: Observed relativistic time gains [J]. Science, 1972(177):168 - 170.
[89] Jaffe, Bernard. Michelson and the speed of light [M]. New York: Doubleday & Co., 1960:167 - 168.
[90] 爱因斯坦. 广义相对论和引力论纲要//爱因斯坦文集(第二卷)[C]. 许良英,范岱年,编译. 北京:商务印书馆,1977.
[91] A. Einstein. The collected papers of Albert Einstein [M]. vols. 1～10. Princeton University Press, 1987 - 2006.
[92] Alice Calaprice. The Einstein Almanac [M]. The Johns Hopkins University Press, 2005.
[93] 加来道雄. 爱因斯坦的宇宙[M]. 徐彬,译. 长沙:湖南科学技术出版社,2006:45.
[94] Schilpp, Paul Arthur. Albert Einstein, Philosopher-Scientist [M]. New York: Tudor Publishing Company, 1949.
[95] P·弗兰克. 爱因斯坦的科学哲学//纪念爱因斯坦译文集[C]. 赵中立,许良英,编译. 上海:上海科学技术出版社,1979:312.
[96] P. Frank. Einstein, Mach and logical positivism//Schilpp, Paul Arthur. Albert Einstein, philosopher-scientist [M]. New York: Tudor Publishing Company, 1949:270 - 286.
[97] G. Holton. Mach, Einstein, and the search for reality [J]. Daedalus, 1968, 97:636 - 673.
[98] G·霍尔顿. 科学与反科学[M]. 范岱年,陈养惠,译. 南昌:江西教育出版社,1999.
[99] G·霍尔顿. 科学思想史论集[C]. 许良英,编译. 石家庄:河北教育出版社,1990.
[100] Fine, Arthur. The shaky game: Einstein, realism and the quantum theory [M]. Chicago: The University of Chicago Press, 1986,86 - 111.
[101] Howard Don. Was Einstein really a realist? perspectives on science: historical, philosophical, social [J]. 1993,1:204 - 251.
[102] 李宝恒,林因. 试论爱因斯坦的哲学思想[J]. 自然辩证法研究通讯,1965(4):32 - 46.
[103] 李醒民. 爱因斯坦科学哲学思想概览[J]. 哲学动态,2000(3):15 - 18.
[104] 李醒民. 论爱因斯坦的纲领实在论[J]. 自然辩证法通讯,1998(1):1 - 11.
[105] 李醒民. 爱因斯坦[M],北京:商务印书馆,2005.
[106] 李醒民. 激动人心的年代——世纪之交物理学革命的历史考察和哲学探讨[M]. 北京:中国人民大学出版社,2009.

[107] 方在庆. 一个真实的爱因斯坦[M]. 北京:北京大学出版社,2006.
[108] 许良英. 爱因斯坦的唯理论思想和现代科学[J]. 自然辩证法通讯,1984(2):10-17.
[109] 恩格斯. 反杜林论[M]. 北京:人民出版社,1973:56.
[110] P. 弗兰克. 科学与哲学[M]. 许良英,译. 上海:上海人民出版社,1985:75.
[111] 爱因斯坦. 在普鲁士科学院的就职讲话//爱因斯坦文集(第一卷)[C]. 许良英,等编译. 北京:商务印书馆,2012:111.
[112] 爱因斯坦. 1952 年 3 月 20 日在给贝索的信//爱因斯坦文集:第一卷[C]. 许良英,等编译. 北京:商务印书馆,2012:718.
[113] 爱因斯坦. 爱因斯坦文集:第一卷[C]. 许良英,等编译. 北京:商务印书馆,1977:357.
[114] 马克思,恩格斯. 马克思恩格斯选集:第三卷[C]. 北京:人民出版社,1957:548.
[115] 伊曼努尔·康德. 宇宙发展史概论[M]. 上海外国自然科学哲学著作编译组,译. 上海:上海人民出版社,1972.
[116] 卡尔·波普尔. 科学知识进化论——波普尔科学哲学选集[C]. 纪树立,编译. 三联书店,1987.
[117] 李醒民. 论爱因斯坦的经验约定论思想[J]. 自然辩证法通讯,1987(4).